用一颗安静自持的心，去敌外界声色犬马

做一个
刚刚好的女子

微阳 编著

吉林文史出版社
JILINWENSHICHUBANSHE

图书在版编目（CIP）数据

做一个刚刚好的女子 / 微阳编著 . — 长春 : 吉林
文史出版社 , 2018.11（2021.12重印）

ISBN 978-7-5472-5777-7

Ⅰ . ①做… Ⅱ . ①微… Ⅲ . ①女性—人生哲学—通俗
读物 Ⅳ . ①B821-49

中国版本图书馆 CIP 数据核字（2018）第 263832 号

做一个刚刚好的女子

出 版 人	张　强
编　著	微阳
责任编辑	弭　兰
封面设计	韩立强
图片提供	摄图网
出版发行	吉林文史出版社有限责任公司
地　址	长春市净月区福祉大路5788号出版大厦
印　刷	天津海德伟业印务有限公司
开　本	880mm×1230mm　1/32
印　张	6
字　数	125千
版　次	2018年11月第1版
印　次	2021年12月第3次印刷
书　号	978-7-5472-5777-7
定　价	32.00元

前 言

一个刚刚好的女子，是怎样的女子？"我如果爱你——绝不像攀援的凌霄花，借你的高枝炫耀自己。"就如女诗人舒婷在《致橡树》中勇敢的爱情宣言那样，人们赞扬她的人格独立，欣赏她的自强品质，只因为古往今来，有太多太多的"依赖"、"靠山"蒙蔽了人们的双眼，从而阻碍了人们的前途。攀附他人，只会让自己沉浸在不劳而获的喜悦中，失去自己奋斗的动力，丧失独立思考的能力。

很多女人都想做别人眼中的焦点人物，想拥有梦想的成功和幸福，但并不是每一个女人都能做到这一点。有的女人花尽了心思却不能赢得别人的好感；而有的女人不用做什么就能吸引别人的目光，总会有人众星捧月般地围绕在她们身边，甚至成功与幸福也不期而至。为什么会有如此大的差别？毫无例外，那些能吸引他人的女人都有着刚刚好的性格。花红不为争春春自艳，花开不为引蝶蝶自来，刚刚好的女人，他们的每一个微笑，每一个动作，说出来的每一句话，都能让人感到她们与众不同的气质与魅力。不管在职场还是生活中，她们总是可以应对自如，将一切打理得井井有条。所以刚刚好的女人在拥有成功人生方面占有着绝对的优势，因为她们总能在第一时间引起别人的注意，得到别人的帮助和尊敬。

现代社会对女性要求太苛刻，既要"上得了厅堂，下得了厨房；开得起好车，买得起新房；斗得过小三，打得过流氓。"既要是贤妻良母，又要是职业女性，恨不得女人能把整片天顶起。而对于别人的标准，我们大可不必去将就，唯有活出自己才是找到快乐的唯一途经。一个刚刚好的女人在人际交往中，总是能坦然地呈现最真实的自己，懂得自爱与爱人，她身上散发的性格魅力使她时刻成为一个受欢迎的人；一个刚刚好的女人在职场上，谈笑风生，从容自若，不被压力击垮，不为自身情绪所左右，她总能挖掘自身潜能，展示出最好的自己；一个刚刚好的女人在婚姻中，温婉、宽容、独立，她知道幸福的婚姻是对彼此性格的接纳与完善。这样的女人拥有一颗不攀附不将就的恬淡执行，她们如一杯清茶，散发着淡淡的清香，如一缕清风，洋溢着花朵的芬芳。

目 录
CONTENTS

第六章　以感性惊天下，以性感惊世人

第七章　岁月静静流淌，你要做的是从容前行

第八章　愿你遇见爱情，一路灿烂

第一章

优雅，是最温柔的盔甲

怎样做一个优雅女人

优雅是一种恒久的时尚，是一种文化和素养的积累，是修养和知识的沉淀。从一个女人优雅的举止里，我们可以看到一种文化教养，让人赏心悦目。

优雅的女人都从容。她们经历过人生的风浪，岁月的痕迹不光留下风霜后的苍凉，更有资深的阅历，好像大树的年轮一样一圈一圈积累着人生，积累着智慧。

优雅的女人，淡定从容，谈笑风生。你若要她们受到你的惊吓，那只是小孩子的一种尝试，她们会一笑了之。都是包容，或者是云淡风轻，举重若轻的优雅已经达到美丽的顶级。这又何尝不是人生最美丽的风景？

优雅女人活泼主动。她们是都市的靓丽风景，或者她们属于白领，有着令人羡慕的工作，或者她们有自己的生活，生活舒心，谈笑自若，雍容大方。她们会和你矜持却不失亲切地交谈，她们会和你讨论今夏最流行的颜色，她们会提到她们家的小猫是怎样的调皮。笑笑谈谈，眉目含笑，举止有度，点到为止。母性的光辉和智慧刺得你睁不开眼。

优雅女人懂生活，懂情趣。她们拥有最好的品德，既不忘古典传统文化的谆谆教导，又具有接受最新文化的能力，兼容并包，和蔼可亲。当你和她讨论生活，讨论喜好，她们总是给你最好的建议并且策划到几近完美；她们是幼稚少女的人生指南，步步到位；她们和任何人都能成为朋友，让你相见恨晚。她们在人前是如此的矜持又开朗，进退适宜不惹人尴尬，谦虚又可爱。

没有哪个女人不想成为优雅的女人，而许多人又常苦于找不到优雅的秘诀，或者抱怨缺乏应有的条件而信心不足。优雅，真那么难吗？其实，做优雅的女人并不难，不需要很高的条件，秘诀是从身边的小处做起。没有过度的装饰，也不流于简单随便，坚持独立与自信，热情与上进。由中国红变成亮眼蓝的羽西曾言：快乐就是成功。她说人在可以站着的时候，就一定要坚持站着，而且还要保持着漂亮的样子，这是对自己的尊重，也是对别人的尊重。女人要保持自己的优雅。

要做一个优雅的女人，就必须增长自己的知识，将优雅之树的根深扎在文化的沃土之中，这样才能使它枝繁叶茂。因为优雅的女人，必定是心灵纯净的人，净化心灵的最好办法是吸取智慧，吸取智慧的最好办法则是阅读。"书中自有好风光"，"书中自有黄金屋"，"书中自有颜如玉"。读破万卷书的人，心中不会存有一池污水。知识能够改变命运，同样，知识可以培养女人的优雅。所以，要想做一个优雅的女人，就要多读一些书，尤其是一些励志的书，不断地充实自己，完善自己。喜欢读书的女人，永远都是不俗的人，只有不俗的人才有资格做优雅的人！

优雅的女人一定要有自己的事业。优雅的女人不是依附的小鸟，不是攀岩的凌霄花。优雅的女人就是一只展翅高飞的鲲鹏，就是一棵参天的大树，而事业则是这一切的基础。所以，要做一个优雅的女人，必须热爱自己的工作，因为只有热爱自己的工作，才能做好自己的工作。从事自己所热爱的工作是一种幸运，热爱自己所从事的工作是一种幸福。幸运不是每个人都能遇到的，幸福却是大家都可以追求的。优雅的女人一定是幸福的女人，追求幸福就是追求优雅。

优雅还包括一个女性对美的独到的见解和追求。倘若整日衣冠不整，不修边幅，无论怎样也是同优雅联系不上的。所以，优雅的女人，她的着装永远都是不张扬而富有格调，那感觉就像静静地聆听苏格兰风笛，清清远远而又沁人心脾。

如果说女人似水，那么优雅的女人就可以水滴石穿，用智慧去获得爱与尊严。外在的美随风易逝，肤浅也耐不起寻味，而优雅的女人用丰富的内心世界和对生活的智慧，让自己永远是一棵有101种风景的花树。

用品位做底蕴的女人最优雅

就像蒙娜丽莎的微笑一样，优雅是一种恒久的魅力。从一个女人优雅的举止里，可以看到一种文化教养，让人赏心悦目；从一个女人的优雅中，亦可以品味出一种独特的意蕴，让人开怀大笑。

优雅的女人无人不喜欢，不管是男人还是女人。

愚钝的女人总是在抱怨：上天是如此不公，为何不将那样的身材与美貌赐予我？而优雅的女人往往是通过后天的努力，让人心服口服的。当女人从表面的自我，过渡到一种深厚的内在之中，便会呈现出一种升华过后的极致美丽，与从前相比，不可再同日而语。一如水涨船高，是一样的定律。

在一次世界文学论坛会上，有一位相貌平平的小姐端正地坐着。她并没有因为被邀请到这样一个高级的场合而激动不已，也不因为自己的成功而到处招摇。她只是偶尔和人们交流一下写作的经验。更多的时候，她在仔细观察着身边的人。一会儿，有一个匈牙利的作家走过来。他问她："请问你也是作家吗？"

小姐亲切而随和地回答："应该算是吧。"

匈牙利作家继续问："哦，那你都写过什么作品？"

小姐笑了，谦虚地回答："我只写过小说而已，并没有写过其他的东西。"

匈牙利作家听后，顿有骄傲的神色，更加掩饰不住自己内心的优越感："我也是写小说的，目前已经写了三四十部，很多人觉得我写得很好，也很受读者的好评。"说完，他又疑惑地问道："你也是写小说的，那么，你写了多少部了？"

小姐很随和地答道："比起你来，我可差得远了，我只写过一部而已。"

匈牙利作家更加得意了："你才写一本啊，我们交流一下经验吧。对了，你写的小说叫什么名字？看我能不能给你提点儿建议。"

小姐和气地说："我的小说名叫《飘》，拍成电影时改名为《乱世佳人》，不知道这部小说你听说过没有？"

听了这段话，匈牙利作家羞愧不已，原来她就是鼎鼎大名的玛格丽特·米歇尔。

这就是有品位的女人，她不经意间所流露出来的优雅，让人佩服得五体投地。可见，优雅不是天生的，也不是夸夸其谈地知道几个所谓的时尚代名词就优雅了，优雅是一种气韵，一种坚持，一种时间的考验。

时髦，可以追可以赶，可以花大钱去"入流"，而优雅却是模仿不来、着急不得的事。

女人怎样才能够优雅呢？有人说，除非她遇到一个好男人，这个男人给予她所有优雅的动力与勇气，还有物质条件。男人们总有一种感觉，认为赚了足够的钞票供养女人，让她衣食无愁，在丰富的物质面前，女人优雅的气质和内容就会表现出来。其实并非如此，女人的优雅不是物质生活堆积出来的，但优雅的生活多少与物质有一定关系。

你想知道一个女人是否过着优雅的生活，你首先要问她，她是否有能力创造幸福？她的生活内容是否真实？她的感受是否是自然流露出来的？如果她无法确定，那么她必然是生活在别人设计的图纸上，优雅的生活就无从谈起。其实，女人只有不断提升自己的品位修养，才能逐渐向优雅靠近，品位高了，你的生活中优雅的内容也就会自然而然地增加。

优雅的生活是简单而丰富的，个人的品位和素养或许是其中的关键。

优雅，是一种知识的积淀，不管是直接还是间接的，都是一种必需的积累；优雅不是一种形式上的东西，它需要你在生活中学习，需要你以丰富的人生经历来成就。优雅有着终生学习的特性，它是台阶式的，学一点儿，修一点儿，修一点儿也就提升一点儿。优雅需要女人学一生，坚持一生，这样它才会让你受益一生。

"品位"二字，没有内涵是强作不来的。品位不是虚无缥缈的一种自我感觉良好，它是全面的，整体的，由表及里的综合表现。品位是一种集个人的出生背景，文化层次，生活素养为一体的，只能靠感觉去体验的东西，而不是什么人都能够拥有的。

女人优雅之树的根要深扎在文化与经济的沃土里才枝繁叶茂。当优雅成为一种自然的气质时，你一定显得成熟、温柔；当优雅代表你的性格时，事实上你已经把握了自己的人生。

女人的优雅又像一口泉，智慧之水在涌动中充分展示人格魅力，散发着令人仰慕的内在品位。生活中的女人们尽量提高自己的品位，多一些优雅，实在是人生中的崇高境界。

有品位做底蕴的优雅女人不见花开，只闻暗香浮动。

女人要自信而优雅地生活

真正的优雅是来自内心的"神韵"之美，是充实的内心世界、质朴的心灵付之于外的真挚表现，是自信的完美个性的体现。

陈燕妮是一个众所周知的优雅女人。说起她，得要说一说她的文字。在文字里，陈燕妮是个敏感多于沉稳干练的女子。因为在她的笔下，女人所有的触觉和感性的思维都在轻轻地颤动，让那一个一个被人们忽略、遗忘的故事重新以鲜活的面目再现。你可以不佩服她细腻的文笔，但你不能不为她纯属女性的敏感的洞察力而倾倒。这样的一个女子，又如何不会充满着优雅，不成为其他力求完美的女人学习的对象呢？

从《遭遇美国》的轰动开始，陈燕妮的书就成了中国人认识美国的一个感性的窗口，人们在她的充满女性意识的笔下认识了美国更多的角角落落，也看到了更多中国人在大洋彼岸的艰辛和奋斗，以及中西文化碰撞中曲折的心灵体验。从做《美东时报》的新闻记者，到在中文电视台工作，陈燕妮在5年后出了第一本书《告诉你一个真美国》，随后几本讲述华人在美创业以及华人回国经历的书一经面市，就成了当季的畅销书。后来，她创办了《美洲文汇周刊》，自己担任总裁。

在陈燕妮的言谈举止中，有种不经意流露出的自信。对于一个经历丰富的女人来说，这种自信比年轻美貌的自信来得似乎更有理由。

当有人问她："你一直就是这么自信吗？"

陈燕妮沉思片刻，眼睛里开始浮动着一些朦胧的东西。"或许吧。在很多时候，我的脑子里会突然出现'第一名'这个词，一定要做第一名的想法支撑我度过了很多艰难的时刻。可能我是个好胜的人，但人有什么理由不好胜呢？你的资质、才干都不比别人差，那你为什么要甘于人后呢？当然，要在美国有足够的自信，就要有足够的实力。比别人更多地付出，是在所难免的。在做记者的时候，我是最勤奋的。每期的报纸大到头条小到消息，几乎被我一个人包揽。白天上班，晚上写书，把所有的业余时间都用在写书上。即使如此，在美国写书也仍然是件奢侈的事。要知道，美国人把所有的时间都用来挣钱，维持生计。好在现在我已经没有了这方面的困扰，但自己办报也是件头绪很多的事，白天忙得团团转，到晚上开始整理思绪写书，经常要写到夜里三四点钟。"原来大家熟悉的这些书，这些充满感情的文字，竟然都是她在工作之余写的！

那么，陈燕妮怎么看待优雅女人呢？

"我认为优雅的女人首先应该知道自己是谁。其次她应该是个成功的女人。试想一个身着高贵晚礼服的女人，在宴会上可能会做出各种优雅的姿态，可一转身，她却向身后的男人要生活费，你还会觉得她优雅吗？有了成功事业的女人，才会有充足的自信体现出的气质的优雅。"

有人问陈燕妮："作为一个成功而忙碌的女人，你认为最幸福的是什么？"

"当然还有家庭的和睦。"陈燕妮笑了。看得出来，她有个幸福的家庭。

"在过去我并没有真正认识到，可能是在美国的时间里我才慢慢意识到的。可以说，年纪渐渐大了，觉得一个和睦的家庭对女人的影响太大了。不然，人在社会里感觉特别漂浮，很难受的。"

与陈燕妮接触过的人都说她是那种可以在说笑间让你接受其想法的人，不经意间，让你感受到她的力量，是那种有特殊魅力的人。

在女人的心目中，优雅有着特殊的内涵：优雅是女人最美丽的衣裳。用拆字法对"优雅"进行分析的话，"优"所指的是一个人内在的品质、涵养、气度、心态所具有的完美状态，而"雅"则是你内心所处的完美状态的外化，是你那优雅的举止、文雅的谈吐和高雅的形象。因此，优雅实际上是内在和外在完美结合的产物，要找回我们生活中的优雅，就必须从内、外两个方面共同着手。

真正的优雅是来自内心的"神韵"之美，是充实的内心世界、质朴的心灵付之于外的真挚表现，是自信的完美个性的体现。而所有的这些都来自于你所受的教育、你的自身修养以及你对美好天性的培养与发展。但是同时必须注意的是，真正的优雅是装不出来的，最真诚的往往才是最动人的。优雅是你完美的自信个性的体现，要知道你要做的不是奥黛丽·赫本或张曼玉，而是做你自己，培养那份真正属于你自己的优雅气质。只要你自信自己是优雅的，并时刻提醒自己这一点，那么，你的优雅必定会闪耀出属于自己的光芒。

拥有优雅内心的你必定也会具有优雅的仪态，但是在平常的生活中经常听到有人抱怨说："我也希望自己长裙拖地、步履轻盈、神情高贵地行走在华丽的宫殿里面，展现无限的优雅；我也希望在落日沙滩、椰树摇曳的美丽画面中悠闲地躺在长椅上，展现迷人的优雅啊！可是，我没有金钱，也没有时间，更糟糕的是，现代社会这么紧张快速的生活节奏已经不允许行优雅生存的空间了，为赶时间上班我只能在拥挤的公车或地铁上大口大口地啃手里的汉堡而不顾任何不雅，你怎能要求我端坐桌前，举止文雅地一小片一小片撕好手中的面包，再从容地放进嘴里呢？总而言之，对现代女性(尤其是上班族)谈优雅是一种奢侈！"

确实，忙碌的生活节奏、为生存而奔忙的压力让现代女性无法生活得悠闲、精致，但是，我们至少应该在现实的生活背景下尽可能地活出优雅品位来。

实际上，优雅的展现方式有很多种，一个眼神、一句话语、一个动作、一抹微笑，无不让你优雅万分。曾听人说起过俄罗斯女郎的浪漫与优雅，哪怕她身上穷得只剩下一个卢布，也要为自己买一枝玫瑰花，而不是几块可以充饥的面包，这样的优雅让人吃惊，甚至想流泪。所以，不要以没有时间和金钱为理由而允许自己丧失能让你魅力指数大增的优雅，正所谓"只要有心，立地成佛"，只要留意，优雅无处不在。

有什么办法可以减轻无休止的压力，营造一个优雅的你呢？

每周至少一次，关上电视，听一曲优美的莫扎特小夜曲或外国经典萨克斯曲等柔情似水的轻音乐。

不要偏爱廉价化妆品。你应该拥有至少一种以上的优质香水。

选用声音悦耳的闹钟来叫醒你。由一个既设计美观又声音柔和的闹钟每天早晨把你从睡梦中唤醒，开始美好的一天。

举办晚宴时，你不必亲自下厨，可事先从各餐厅预订一桌精美的饭菜；或者是请哪位想露两手的朋友代劳，这样你就可以远离满是油烟的厨房，而保持着优雅的仪态来好好招待客人了。

购买纸巾时，最好买那些带清新空气味道的湿纸巾。其他女性随身用品也应注意情调和色泽，粉红色的物件给人的感觉最有情调。

坚持定时做健身运动，而不要在工作得筋疲力尽之后，径直去洗桑拿浴。

尽量经常微笑。没有比快乐的、开朗的面容更令人喜爱的了。

优雅的魅力不是模仿人或跟着时尚的东西就能得来的，它是靠女人从自身的各个方面一点儿一点儿修炼出来的，女人在交际场上适度展现自己迷人的优雅能让自己光彩照人。优雅是女人最美丽的衣裳，穿上她，再普通的女人也会神采奕奕。

不要把艳俗当成惊艳

北方有佳人，绝世而独立。一顾倾人城，再顾倾人国。宁不知倾城与倾国？佳人难再得！

李延年就是靠这首《佳人歌》，让雄才大略的汉武帝对自己的妹妹李夫人生出一见伊人的向往之情的。李夫人也确实没让汉武帝失望，楚楚动人，巧笑妩媚，美目顾盼……汉武帝一见之下何止是怦然心动、心驰神往，简直就是惊为天人，从此难以释怀。

　　常想，古代女子是不是有什么特异功能或有什么秘笈，所以才会有许多人常常因美貌让人在惊鸿一瞥后就失了魂魄，像沉鱼的西施、落雁的昭君、闭月的貂蝉、羞花的杨贵妃……从进化论角度讲，人对美的追求能力应该是越来越胜及前人的，可是，不知为什么，当下盛世之中，却有无数女子不知道如何让自己"绝世而独立"了。

　　骨子里透着艳俗的女人，即使全身珠光宝气，也会因为搔首弄姿让别人怀疑她身上穿戴的都是地摊上的廉价货；即使将她包装成一个文化女人，也会全身上下往外透着不和谐。看来，想靠艳俗让男人惊艳的算盘是一定要落空的。

　　或许，心存如此幻想的女人真的不知道什么叫惊艳？

　　惊艳是最能形容女人风情的一个词汇。让人惊艳的女人是月光下的游园惊梦，是黑夜里乍放的焰火，她的不同凡俗的美丽让观者惊羡，一生不能忘怀，即使付出生命也在所不惜。

　　埃及艳后克丽奥佩特拉就是个绝对能让人惊艳的女人。当她以毛毯裹身出现在恺撒面前时，恺撒立刻臣服在了她的石榴裙下。当恺撒被刺身亡后，她的迷人风姿、优雅谈吐又让安东尼神魂颠倒，不知所措……她凭借自己倾国倾城的姿色和智慧，让强大的罗马帝国的君王心甘情愿地为其效劳卖命，赢得了22年的和平。

世间让人惊艳的女子，哪一个没有点儿手段？埃及艳后如此，李渔笔下的女子也如此。只不过有的人是主动用万种风情、万般心思打动人，有的人是让自己生命的颜色自动自发地感染人罢了。

李渔写春游遇雨，避一亭中，见无数女子妍媸皆慌忙奔至亭内。其中一三十岁贫女子独立檐下，并不往亭内无隙地再挤。人皆抖湿衣，她则听其自然，因檐下雨侵，抖之无益。一会儿，雨将止，人匆散，她仍立于亭中。不一时，雨复作，众人奔回，那些女子衣衫之湿，数倍于前，姿态百出，其状甚狼狈。而那女子仍平和而立，自有从容之态。

李渔为此感慨，此女子之态缘自平素之养，虽贫并年三十，"然使二八人与颈珠顶翠者皆出其下"。女人生命中的颜色来自"态"。李渔笔下的女子无华中有态，故佩珠翠者不及之"惊艳"。

想来，女人之让人惊艳，不是绝世美貌，不是出奇的扮相，而是那一种"态"，如埃及艳后深藏于美丽之后的智慧和心机，如李渔笔下布衣女子的自在从容，不惊处自有一番惊心……女人之让人惊艳，是一种心性，一种态度，一种对真美的深刻理解后的本真表达。

优雅的气质来自完美的内心

孔雀常为自己有一身美丽的羽毛而得意，它认为自己可与人类的皇后相媲美。遗憾的是，鸟类中几乎没谁把它当成最有气质的皇后来看待。

一天，有只鹤刚好经过孔雀身边。

"喂，你就不能停下脚步看我一眼吗？"正在开屏的孔雀喊住了步履匆匆的鹤。

"对不起，我还有很多事等着要做，没时间欣赏你的羽毛。"鹤说完，又迈开了大步。

孔雀却拦住了鹤的去路，并嘲笑它，讥讽它灰白色的羽毛，说："我的衣饰像个皇后，不仅有金色还有紫色，还具有彩虹所有的色彩，而你呢，你的翅膀上连一点点彩色也没有。"

"这一点儿都不错，但是我一飞上天，声音闻于星空，而你却只能在地下来回闲逛。"

孔雀因为有一身漂亮的羽毛，就理所当然地认为自己最高贵、最有气质。它趾高气扬地去嘲笑鹤，却不知道气质来自于内在心灵而不是外表、衣饰。气质是内在的自然表现。

人们往往对举止粗鲁、不讲文明的人嗤之以鼻，即使这种人腰缠万贯，也没有人愿意把他们当上宾看待。但优雅的人则不同，即使他们没有钱，即使他们没有什么名声、地位，就凭他们的优雅举止，便能有一个良好的形象，足以赢得人们的尊重。

优雅是从内而外释放出来的气质，它来自你的内心。对于一个人而言，优雅的气质主要包括以下4个方面：

（1）吸引力。来源于内心的涵养、对礼仪的理解、优雅的谈吐和得体的穿着。

（2）良好的形象。包括仪容、仪表和仪态。

（3）好修养。包括品德修养和文化修养。

（4）好心态。是人们在感情、事业、生活中如鱼得水的保证，也是增添自身魅力的重要法则。

优雅是一种恒久的时尚，当优雅成为一种自然的气质时，这个人一定显得成熟、温柔，更加吸引别人的关注和喜爱。

美貌或许会离去，但是优雅的魅力却历久弥新，所以，人必须学会改变自己，去读书、学习、发现、创造，它能让你获得丰富的感受、活跃的激情。要学会爱自己、赞美自己，善待自己也善待别人，让生活充满意义，让内心更加完美，让气质更加优雅。

优雅是不分阶层、贫富贵贱的，它是一种处乱不惊、以不变应万变的心态。真正的优雅来自完善的内心，是充实的内心世界、质朴的心灵形之于外的真挚表现，是自信的完美个性的体现。而所有的这些都来自于你所受的教育、你的自身修养以及你对美好天性的培植与发展。

那么，什么样的人才是具备优雅气质的人呢？

1. 装扮得体、举止大方

不可能每个人都拥有美貌。如果你的长相并不十分出众，那你就要懂得改变自己，弥补自己的先天不足，通过服装、发型等把自己装扮得体，显示出你特有的魅力。在言谈举止中要落落大方，既有女性的温柔，又有高雅的气质。人的高贵并非指要出身豪门或者本身所处的地位如何显赫，而是指心态上的高贵。高贵的人往往会给人生活的信心和勇气，因为他们生命里潜存着一种净化心灵、激励斗志的人性魅力。他们不媚俗、不盲从、不虚华，最让人欣赏。

2. 富有同情心

优雅的人都有一份同情心，对弱者或是受到委屈的人们总会表示出由衷的同情，并理解他们，给他们以适当的安慰和帮助。

3. 心地善良、宽容待人

善良是人的特性。假如你有一颗善良的心，并且待人宽厚，从不苛求他人，而且经常帮助一些老人、小孩子，那么，即使你不是很漂亮，你不俗的优雅气质依然会让人心动。

4. 健康、开朗、乐观

身体是生活的本钱，只有健康才能让自己活力四射，趋于完美。优雅的人开朗乐观，遇到挫折时敢于认真面对，用他的韧性，在克服困难的过程中寻求属于自己的幸福。

5. 有理想和自信

优雅的人对未来有着崇高的理想，他们追求事业上的成功，用充满自信的目光看待每一件事和每一个人。人们往往也更欣赏这种乐观自信的人。

6. 兴趣广泛

优雅的人有着广泛的兴趣爱好，并能持之以恒。

人的美丽在于心灵之美。试问有哪个人不想成为优雅的人？那就从现在做起，丰富你的内心，塑造你的气质，做个优雅的人，打造良好的形象，让自己散发永久的魅力。

笑得优雅，是种境界

只要活着，忙着、工作着，就不能不微笑……会笑的女人就是降落人间的天使，给凡间带来美丽无数。

一位日本著名造型师在他的一本书中，收集了几十位他认为很美的女性的头像，各个年龄段的都有，而她们的共同点是都展示给读者一张灿烂的笑脸。

一位学者说："对人笑是高超的社交技巧之一，也是获得幸福的保障。"

一项调查询问数百位男士："你最喜欢的女人脸部表情是什

么？"答案大多是：微笑。

津巴布韦的乔伊夫人在巴克莱银行负责公共关系，她的办公桌就放置在银行大门内进口处的右边。她总是面带微笑，不厌其烦地解答顾客遇到的各种问题，在她的办公桌上，有一篇用镜框镶起来的题为《一个微笑》的箴言："一个微笑不费分文但给予甚多，它使获得者富有，但并不使给予者变穷。一个微笑只是瞬间，但有时对它的记忆却是永远。世上没有一个人富有和强悍得不需要微笑，世上也没有一个人贫穷得无法通过微笑变得富有。一个微笑为家庭带来愉悦，在同事中滋生善意。它嫣然地为友谊传递信息，为疲乏者带来休憩，为沮丧者带来振奋，为悲哀者带来阳光，它是大自然中去除烦恼的灵丹妙药。然而，它却买不到，求不得，借不了，偷不去。因为在被赠予之前，它对任何人都毫无价值可言。有人已疲惫得再也无法给你一个微笑，请你将微笑赠予他们吧，因为没有一个人比无法给予别人微笑的人更需要一个微笑了。"

然而，许多人在生活中感到压力太多，时常有累的感觉，以致很少露出笑容。

命运从指缝间匆匆淌过，不能猜测也不能确定它的走向，于是，有些人就深刻地痛苦，就愁眉苦脸地啜饮着痛苦。

但是，明智的女人应该选择微笑着面对生活。

窗外的小鸟并不轻松，然而他们却时时有欢歌笑语盈耳，有语言的温馨和心灵的微笑。微笑，给小鸟以轻松；微笑，同样也能够给人以睿智、力量和启迪。

学会笑吧，自卑者需要微笑，自负者需要微笑，失意者需要微笑，浅薄者需要微笑，胜利者更需要用微笑来完美对生活的承诺！

学会了笑，把握了命运的经络，可以感知强者的奋搏和脉动，所有丢失的日子就不再追忆和叹息，所有刚刚来临的岁月都会被珍惜。

学会了笑，你就学会了抖落，抖落冬天包裹你心灵的冰雪寒片，抖落碰壁后的失意，抖落尘封的情感和垢积的偏见。学会了微笑，你就学会了执著地追求，再一次扬起风帆，驾驭搁浅的船，虽然滞留的时光太长太久，也不要怀疑是否能够重新得到缪斯的垂青和伊甸园的温馨。

学会了笑，你就战胜了自己这个难以较量的对手，用自信、自尊和自强黯淡了你可能存在着的悲观、失望甚至堕落。微笑会解答心灵的谜语，解释痛苦的内涵与外延，体会人生的底蕴，有如一瓶红药水，缓缓地擦洗你风雨兼程的伤痕。

学会了笑，你的生活就丰富而且充满意义，许多无法诠释的往事都突然间变得清晰、明朗和皎洁起来，即使你是物质的贫瘠者，也会让你惊讶地发现自己成为了精神的富有者。你将发现，在这些风风雨雨的岁月里，在你年轮的轨迹中，在生命至诚至纯的深处，镌刻了一枚枚圆圆的图章，粉红色的微笑慷慨地印满了你人生书册的每一个页码。

学会了笑，你会更容易理解他人，也更容易被他人理解。

微笑虽然是社交场合的一张不折不扣的"绿卡"，是表达感情的最好方式之一。但是，没有笑意、又没有经过训练的人却很难笑出魅力。动人的微笑需要找到最到位的表情，并将这个表情熟记在心，不断地反复练习。

经过训练的笑容，应该是可以控制的、有表达力的微笑，这与本色微笑不同，本色微笑只有在非常开心的时候才会流露出来。

寻找到最好的微笑很简单，对着镜子，嘴角微微向两边牵动，眼中由心充满喜悦之情，面部肌肉柔和而放松，不断调整嘴角牵动的幅度，找到自己最得体、最亲切、最自然的笑容和面部表情。微笑含蓄，柔和，有亲和力，也容易掌握和控制，有利于成为人际交往中的润滑剂。

女人的高品位应该是一种综合的美，笑是一种恬淡、一种自信、一种活力、一种执著，笑是女人自信的翔舞，笑是女性真诚的欢歌！当遇到困难的时候，请你笑一笑；当不安掠过你的心灵时，请你笑一笑；焦躁的时候也笑一笑；在一天之内如果你犯下了愚蠢的错误，也请你笑一笑，将它忘掉；当你因不高兴而板着面孔时，也请你一笑了之。

第二章

气质是你最好的衣裳

为了幸福勇敢地作出改变

　　拥有自我，尊重内心需求并尽力满足它们的女人，一定是无所顾忌，敢想、敢说、敢做的勇敢女人。就像南丁格尔，她之所以成为女性的骄傲，就在于敢于拒绝顺从父母的意愿，拒绝接受"前途光明"的婚姻。就像著名的以色列的创始人之一梅厄夫人说的："人的一生中没有什么东西是生来就有的。仅仅靠信仰的力量是不够的，还必须具有克服障碍和敢于战斗的力量和勇气。"

　　但是很多女人却不这样做。究其原因，不是因为她们伟大无私，而是因为她们不自信。不自信的女人总会心怀种种担忧，怕这怕那，总认为少了对别人的依赖自己不能活得很好，于是就选择丢弃自我，百般地讨好别人。一旦出现自己应付不了的局面时，就更会感到不安，进而以自己的退让来息事宁人。这样的女人实在需要作出彻底地改变了。

　　改变的前提就是弄明白自己不自信的原因。到底哪些情况是自己应付不了的？是巨大的工作压力还是繁重的家务负担？是他人的非议还是一个人的孤单？是对新事物的恐惧还是对改变现状的担忧?

如果是巨大的工作压力让你不自信,就弄清楚压力究竟来自何处,是自己的专业知识欠缺还是没有掌握工作技巧?是领导的故意刁难还是同事的刻意疏远?找到了压力的来源,应对起来就没那么困难了。

如果是专业知识欠缺,那就补充专业知识;如果是没有掌握工作技巧,那就多学多练;如果是领导故意刁难,那就将自己的能力展现出来给领导看,让领导认识到自己的价值;如果是同事的刻意疏远,那就善待身边的这些同事,但不必去讨好他们。

如果是繁重的家务负担让你不自信,那就找个人来帮你做。做家务不是你一个人的责任,你完全可以理直气壮地要求丈夫和孩子帮你一起做,这是他们应该做的。

如果是他人的非议让你不自信,那就问问自己是不是真如他们所说的那样,如果答案是否定的,那就由他们说去吧,别人的感受你无法控制,但你完全可以不去在乎他们的感受。

如果是孤独让你不自信,那就告诉自己:在家庭中,你的丈夫和你的孩子都比你需要他们更需要你,你完全不必担心他们会轻易离你而去。

如果是忽然的改变或新事物让你不自信,那你应该清楚,任何事物都处在不断的发展变化之中,这是自然界的一般规律,人类本身也是如此。既然是不可违背的自然规律,那就去适应并接受它好了,何必非要逆天而行,做无用功呢?

其实，女人只要对自己充满信心，认为自己有能力应付各种混乱局面，那一切就会为之改变了。事实上，女人本来也具备这样的能力，甚至比男人还强，所以，女人大可以放心大胆地追求自己想过的生活，而不必再委屈自己。

有了自信之后，自然就有勇气大胆主动地作出改变了：对自我价值重新认识，改变惯常的唯唯诺诺的做事方法以及处世态度，让自己成为一个敢想、敢说、敢做、敢于争取幸福的勇敢女人。

在开始的时候，你的改变一定会引来别人异样的目光和对抗的态度。他们会质疑你、责备你，甚至排挤你，与你决裂。这些都很正常，毕竟你的勇敢抗争——小羊羔变成了一头狼，会让他们的利益有所损失。让他们马上接受一个不一样的你是件很困难的事，他们还没做好充分的心理准备。

但对于勇敢的女人，这算不上什么。因为谁都没有办法左右别人的感受，也不需要对别人的感受负责，你只是在维护你自己的利益而已。你能做的就是对自己的感受负责，别人接不接受是别人的事，与你无关，你只需要让自己满意就足够了。再说，无论你做什么，都不可能让所有人满意；随着时间的推移，随着你的改变，最后既成事实的东西，他们不认可也得认可。

当然，这并不是说你可以随意损害他人的利益，恶劣的损人利己也是很可耻的。

虽说不必过多地考虑身边人的感受，但也并不意味着你就可以脱离他们独自生活，所以你必须要给出合理的解释。你应该告诉他们目前的生活状态带给你哪些痛苦、你希望过什么样的生活、是什么促使你作出改变以及你想怎样改变等等。当他们了解了你为什么要改变以后，他们仍然可能会做出种种不解的反应，但没有关系，因为你要做的只是让他们认清你要改变的事实，而不是征求他们的意见，他们只需要试着去接受这些就可以了。

也许你会认为保持目前平静的生活很好，至少可以避免使自己陷入被孤立的境地之中，但你有没有想过，如果你一直都忍气吞声，忽视自己的感受，那你就永远都不可能获得真正的幸福和快乐。

究竟是继续委曲求全、假装平静，还是掀起一场狂风暴雨之后获得真正的平静，就要看你自己的选择了，你的命运会因为你的不同选择而走向两个方向。

永葆你的别样风情

卡耐基认为，这样一种女人最具魅力：她们聪明慧黠、人情练达，超越了一般女孩子的天真稚嫩，也迥异于女强人的咄咄逼人。她们在不经意间流露着柔和知性的魅力的同时，也同人群保持若即若离的距离。

做人群中最耐看的风景

英国作家毛姆曾经说过："世界上没有丑女人，只有一些不懂得如何使自己看起来美丽的女人。"现代女性早已经学会在繁忙和悠闲中积极地生活，懂得如何读书学习，也懂得开发自身的潜能，从而使自己的女性魅力光芒四射。

下面是一位女性朋友的心得：硬件不足软件补（沙浜，女，35岁）。

作为一个女人，只有漂亮的脸蛋是远远不够的，她必须学习，不断地在精神上有所进取。当然，并不是因为我丑才说这番话的。因为相貌一般或欠佳的女性，非常明白自身的缺陷，所以就特别懂得去发掘自己的个性美，更注重内在气质的培养和修炼。

我曾在一家国有企业任职，我们办公室有两女三男，另一个女孩的确长得很漂亮，她也因此占尽了便宜。但要论能力、论业务，她样样不如我。可一遇到长工资、晋升职称、疗养的机会，却样样都是她的。

面对这些不公平，我没有说什么，只是暗暗地读书学习，报名参加了英语班、计算机班和舞蹈训练，给自己"配置"和"升级"了许多优秀的软件，因为我很清楚自己的硬件不足，只有靠软件来补了。

两年后，我辞职来到一家合资企业。在那里，我从一名职员开始做起，一直做到总经理助理。在一次谈判结束后，对方的老总邀请我共进午餐。后来，他成了我的先生，他说那天我在谈判中沉着冷静、不卑不亢的态度和优雅的举止、不凡的谈吐，深深地吸引了他。当时，他觉得我是最美的女人。

现在，我已经自己做了老板，有了一个可爱的孩子。先生说我在家庭中是贤妻良母，在事业上是个优秀的管理者。

看来，有情趣、有智慧的女人是最美的。女性的智慧之美胜过容颜，因为心智不衰，它超越青春，因而永驻。"石韫玉而山晖，水怀珠而川媚。"西晋人陆机这样评说智慧之美。谚语云："智慧是穿不破的衣裳。"衣裳，自然是与风度美息息相关的。所以，现代女性中注重培养自身风度之美者，在不断改善自身的意识结构和情感结构的同时，无不特别注重改善自身的智力结构，积极接受艺术熏陶，使自己的风度攫获闪耀的智慧之光。

很多男人在言语行文中流露出一种对知性女人心驰神往却又可望而不可即的无奈与惆怅，在他们眼中，这一类女人人间难求，绝对不是俗物。事实上，"知性女人"是食人间烟火的俗人，她们同样离不了油盐酱醋茶，同样要相夫教子，因为只有大俗方能大雅，只有这样才是完美女人。

在卡耐基看来，知性女人的优雅举止令人赏心悦目，她们待人接物落落大方；她们时尚、得体、懂得尊重别人，同时也爱惜自己。知性女人的女性魅力和她的处世能力一样令人刮目相看。

在卡耐基眼里，灵性是女性的智慧，是包含着理性的感性。它是和肉体相融合的精神，是荡漾在意识与无意识间的直觉。灵性的女人有那种单纯的深刻，令人感受到无穷无尽的韵味与极致魅力。

具有弹性的性格

弹性是性格的张力，有弹性的女人收放自如、性格柔韧。她非常聪明，既善解人意又善于妥协，同时善于在妥协中巧妙地坚持到底。她不固执己见，但自有一种非同一般的主见。男性的特点在于力，女性的特点在于收放自如的美。其实，力也是知性女人的特点。唯一的区别就是，男性的力往往表现为刚强，女性的力往往表现为柔韧。弹性就是女性的力，是化做温柔的力量。有弹性的女人使人感到轻松和愉悦，既温柔又洒脱。

真正的智慧女性具有一种大气而非平庸的小聪明，是灵性与弹性的结合。一个纯粹意义上的"知性"女人，既有人格的魅力，又有女性的吸引力，更有感知的影响力。她不仅能征服男人，也能征服女人。

这类女人不必有羞花闭月、沉鱼落雁的容貌，但她必须有优雅的举止和精致的生活。不必有魔鬼身材、轻盈体态，但她一定要重视健康、珍爱生活。她们在瞬息万变的现代社会中总是处于时尚的前沿，兴趣广泛、精力充沛，保留着好奇纯真的童心。她们不乏理性，也有更多的浪漫气质——如春天里的一缕清风。书本上的精词妙句，都会给她带来满怀的温柔、无限的生命体悟。她们因为经历过人生的风风雨雨，因而更加懂得包容与期待。具有了灵性与弹性完美统一的内在气质。具体来说，女人的魅力主要体现在以下几个方面：

1. 丰富的内心

有理想，是内心丰富的一个重要方面；有知识，是内心丰富的另一个重要方面，这是现代女性所必不可少的。掌握一定的科学文化知识会让使女性魅力大放光彩。除此以外，女性还需要胸怀开阔。法国作家雨果说过："比大海宽阔的是天空，比天空宽阔的是人的胸怀。"然而，多数女人做不到这一点。

2. 突出的个性

女性的美貌往往具有最直接的吸引力，而后，随着交往的加深、广泛的了解，真正能长久地吸引人的却是她的个性。因为这里面蕴涵了她自己的特色，是在别人身上找不出来的。正如索菲娅·罗兰所说："应该珍爱自己的缺陷，与其消除它们，不如改造它们，让它们成为惹人怜爱的个性特征。"刚柔相济是中国传统美学的一条原则，人的温柔并非沉默，更不是毫无主见。相反，开朗的性格往往透露出女性天真烂漫的气息，更易表现人的内心世界。

3. 优雅的言谈

言为心声，言谈是窥测人们内心世界的主要渠道之一。在言谈中，对长者尊敬，对同辈谦和，对幼者爱护，这是一个人应有的美德。

4. 高雅的志趣

高雅的志趣会为女性的魅力锦上添花，从而使爱情和婚后生活充满迷人的色彩。每个女性的气质不尽相同。女性的气质跟女性的人品、性情、学识、智力、身世经历和思想情操分不开。要有优雅的气质和风度，需有良好的教育和修养。

我们可以这么说，魅力实际上是一种无形的吸引力，是人类社会中各种交往活动不可缺少的条件，也是由心理的、社会的、文化的、习惯经验的等诸多因素相融合的统一体，并在人际交往中得以充分的表现。魅力包含着深厚而丰富的心理内容，是一种人格特征，是人们心理机制与外在行为的完美统一，也是人际间评价美的唯一的标准。

展现女人的性感

卡耐基曾说过一句经典的话："我认为女人的性感并不是如何去吸引男人，而是凭借自身的无穷魅力将其发挥到极致。吸引男人的目光并不十分重要，只有吸引男人们的心才是完美地诠释了性感。"

一直以来，性感的女人被喻为一朵欲望之花，能够迷惑男人的眼睛，在任何场合，性感女人都会散发出不可阻挡的光芒。不同的女人有不同的味道，很多男人认为性感女人是最有女人味的。

那么，究竟什么是性感呢？据性心理学研究，男人心目中的性感，除了发自女性的性特征和自信心、懂幽默、爱浪漫、刺激及冒险外，原来还有一些比较虚无抽象的元素，其中的神秘感就是另一个性感元素。电影史上的性感明星如玛莲娜·迪特里茜、碧姬·芭铎等，哪个没有深不可测的神秘眼神？女人在自己喜欢的男人面前，千万别尽情流露、肆意表现，要给对方留有揣摩与想象的空间。留有余韵也是展现神秘感的一种手段，总之，就是不要完全满足对方的好奇心。

现代的性感早已超越视觉、身材或是暴露多少的范围，如花灿烂的笑靥、天真或带媚态的眼波、沉溺于思考或想象时忧郁而出神的神态，都是内敛的性感。性感女人的肢体语言、无奈和惊叹时的扬眉嘟嘴、不经意的自我触摸都是最销魂蚀骨的小动作。

卡耐基给出了他认为的性感特征：

1. 添一点异国情调

很多人都会被异国情调中那份野性及神秘等因素吸引着。女士们可以穿戴富有民族色彩的衣饰、留一头又直又长的长发（不妨让它有点凌乱美）。也可以给自己多一点精力及时间去流浪，这就是涵养一份异国情调的最佳方法。

2. 感性与性感

性感与感性从来都是相辅相成的。一个感性温柔的女人，无论思考、语调、一举手一投足都更细腻和具感染力。

3. 添一点醉意

微微的醺醉不但为面颊添上绯红、为眼神添上份朦胧美及柔和美。但谨记不要饮过了头。

4. 涵养野性的心

若你不是外表野性，涵养一份内心的野性一样叫人觉得你充满魅力甚至有份神秘感。所谓野性可以是爱冒险、爱尝试新事物、好幻想及随时豁得出去实践梦想。

5. 懂弹奏或跳舞

懂玩乐器及跳舞的人总会流露一份夹杂着性感的感性与温柔，而这份意念其实比性感更诱人。如男人弹琴、吹萨克斯，女人拉小提琴或大提琴，若跳西班牙舞、探戈时流露委婉或冷艳的眼神，更能惑人于无形。

6. 擅用眼波流转

无论是忧郁的、迷惘的、缥缈的、懒洋洋的、天真带笑的或眼中藏着火焰的，只要有神韵及顾盼生辉，眼波便是性感的发源地。

7. 呢喃软语绕耳边

法国人之所以被认为最性感，正是因为法国人表达时充满感性及跌宕有致，而法语又像一种呢喃软语。在适当的地方停顿，加强节奏感，并借韵律带领聆听者漫游于你的思维里，这种像叫人与你的思维一起舞蹈的说话风格，不也是一种性感吗？

8. 沉浸于思索中

很多人虽其貌不扬，但一旦沉浸在思索中，脸上自会不期然地多了一份韵味。那些把眼神抛得远远的、嘟着嘴或微微侧着脸、托着腮的表情就更会惹人多望一眼。

9. 阳光肤色

凝肌胜雪的肤色固然如成熟的新鲜桃子一般叫人垂涎，但一身阳光肤色配上苗条的身材，何尝不能散发野性的性感呢？

10. 让小孩子心性活在心底

曾经，西方流行冷酷性感，但在主张返璞归真的大趋势下，人们所欣赏的性感却是天使般的性感。先让内心有若孩子般的好奇、天真与热情，你才能在眼神里流露夹杂着纯真及孩子气的另类性感。事实上，碧姬·芭铎、玛莉莲·梦露、丽芙·泰勒等本身都带有孩子气，再配合其魔鬼般的身材，凑在一起便是天使式的性感。

11. 保留性感小痣

若你的脸上出现小痣，请不要去之而后快，在适当位置，如耳垂、嘴唇附近（尤其是上唇右边）与眼角附近的小痣都可以是"美人痣"哩！本身性感的人，在嘴唇边上有颗小痣，可以看起来更加性感。

性感本身就是每种雌性动物都有的天赋条件。女性刚醒来时的一对惺忪睡眼、喝酒后的微醉与一脸绯红何尝不性感？而这正是构成美感的元素，故性感无须刻意追求，性感原本就是上帝烙在女人骨子里的性磁力，女人只需自信地彰显自己，你的性感，别人自然而然就会感受到了。

永葆女人味

每个女人都希望自己青春永驻，但我们最终都会老去。但所幸，女人即使没有青春，还有精神，还有女人味。女人味是一种恒久的魅力，与年龄无关，与身份与关，永远散发着引人入胜的魔力。

青春无法把握，失去了无须惭愧，但女人味却是一种精神，把它丢失了就是一个女人最大的悲哀！青春少女是一首浪漫的诗歌，节奏明快，旋律优美，恰似春光明媚；成熟女性则应该是一篇抒情散文，情愫悠悠，蕴涵深邃，令人眷恋。所以，女士们，请一定要珍惜自己，让女人味伴随自己一生。

所谓女人味，指的是一种人格、一种文化修养、一种品位、一种美好情趣的外在表现，当然更是一种内在的品质。简而言之，女人味就是女人的神韵和风采，是真正的女性美，使得女性的形象更美丽，女性的人生更精彩。女人味堪称是对女人最到位的赞美。

那么，到底什么才是女人味呢？无论女人到了哪个年龄段，以下这几个特征都是一个有女人味的魅力女人所共有的：

1. 智慧

外表漂亮的女人不一定有味，智慧的女人却一定很美。因为她懂得"万绿丛中一点红，动人春色不需多"的规则，具有以少胜多的智慧；容颜可以老去，但智慧不会退色，一个充满智慧的女人，会具有与时俱进的魅力。

2. 有度

再名贵的菜，它本身也是没有味道的。譬如"石斑"和"鳜鱼"，虽然很名贵，但在烹调的时候必须佐以葱姜才能出味。女人也是这样，妆要淡妆，话要少说，笑要微笑，爱要执著。无论在什么样的场合，都要把握好尺度，好好地"烹饪"自己。

3. 品位

前卫不是女人味，不要以为穿上件古怪的服装就有品位了。真正的品位来自生活的智慧和丰富的内心。

4. 展示最真实的自我

所有的女人都渴望自己在性格和外表方面对别人具有很大的吸引力。在现实生活中，真实的你是最能打动人的，因为这样的你有血有肉，有喜怒哀乐。真正有修养的人，气质是从骨子里透出来的，绝不是矫揉造作。所以女性一定要学会接受自己的外貌；对别人热情、关心；仪态端庄，充满自信；保持幽默感；不要惧怕显露真实的情绪；有困难时，真诚地向朋友求助。

掌握了这几个小秘诀，你就能修炼成具有独一无二的完美气质的女人。

别丢了"矜持"两个字

作为一个女人，毋庸置疑，你的一生将会陪伴一个男人度过，而男人最喜欢的莫过于矜持的女人。与矜持的女人在一起，男人才会真正懂得为什么女人需要男人去珍惜，去尊重。

矜持是人的一种素养。一个有内涵的女人，她的生活字典里是少不了"矜持"这两个字的。那何谓矜持呢？矜持是一种羞涩，也是一份清高，是对自己的爱护和尊重，那是人的一种高贵优雅的姿态。正因为有了这样的一种矜持，才使人觉得这个女人真是一个有气质、有涵养的人。

因为矜持的女人是婉约的，是高贵的，她在低吟浅笑间就能够流露出一种赏心悦目的温柔。女人的矜持便好似一条内敛、深邃的小溪，她也许没有你理想中的那种浪漫、婉转，但在她目光流转的神思里，你能领略到某种浪漫的滋味。你能说她不懂浪漫吗？矜持女人的浪漫，是要能懂得欣赏的男人才能欣赏到的。可以说，一个矜持的女人，便是一棵专心的秋海棠，她的所有激情与浪漫，都只为她期待的那个男人而绽放。矜持的女人是傲气的梅，她骄傲却不冷漠，也许她的外表很冷，但是却不失一种"酷酷"的感觉。

矜持的女人原来最是时尚，她知道如何在传统与新潮的思想中游走。对于该保持的传统，她绝不轻易放弃；对于该放弃的所谓时髦，她绝不吝啬。所以她的矜持，永远为她的美丽和魅力做了一道加法；矜持的女人，其本身便是一道优雅的风景线。

一个毫无矜持概念的女人是不堪想象的，放荡不羁，没有底线，为了自己的男人做牛做马都心甘情愿、毫无怨言，你以为这样那个男人就对你无可挑剔了？实际上恰恰相反，你的作用，只是充当了一个保姆，一个男人要一直生活在保姆的臂弯里，哪能活得潇洒、活得恣肆呢？男人别说感受不到爱了，生活的趣味也全无了。

女人总要懂得矜持。矜持，永远是女人的最高品位，好男人就是在矜持女人的熏陶下所生成的产物，矜持女人是不怕找不到理想男人的。但最后要切记：矜持也要有度，过于追求矜持，结果只会适得其反。

美丽是女人一生的使命

卡耐基站在一个男人的立场，对所有女人说，一个男人对着女人一张精致的脸说话要比对着一张粗糙的脸说话有耐心得多。尽管男人说出这样的话使大多数女人不满，但这又确实是不争的事实。因此有人说：美丽是女人一生的使命。

女人要懂得爱护自己

聪慧的女人，就是懂得爱护自己的女人，不仅要让自己的生活有品质、有情调，还要懂得投资，投资青春、投资美丽。

某电视台有个《情感部落格》栏目，由资深心理专家与观众见面交流，现场分析当事人的情感困惑。有一期嘉宾是一对新婚燕尔就起纷争的青年男女，在说起吵架的原因时，年轻的妻子这样抱怨："和我一起逛街时，见到长得漂亮的女人他就瞅人家，有时候人家走远了，他还回过头去看，这让我很受不了。为这事我们吵了无数次。"

事例中这位女性的话似乎道出了一种普遍的现象：男人有对

美女趋之若鹜的"好色"本性。说"好色"，不如说"爱美"。每个男人都喜欢美女，爱看美女，不管他嘴上承不承认。《英国皇家学会生物学学报》公布的一份研究报告称，男性在凝视美女的面部或身体时，会触动大脑的"满足中枢"，从而产生快感。从这个意义上来讲，"好色"可以说是人的天性。其实，"好色"绝非贬义词，它代表着人皆有之的爱美之心。

《色·戒》的导演李安也说过："色，是我们的野心、我们的情感，一切着色相。"食色，性也。这是人之本性，而人之本性不可移。

美国杜克大学医学院神经学研究中心的本杰明·海登博士说："对男性来说，看到异性时的满足感在很大程度上受到异性外表魅力的影响。"如果你是一个聪明的女人，那么就别太在意你的男友对街上的女人多看两眼，因为这只是满足了视觉上的享受。如果你也能给他提供这份享受，还担心什么呢！

一个智慧的女人大可冷眼旁观男人的"好色"，然后从自我修炼做起，把肌肤养得柔嫩细滑，把身体练得凹凸有致，把气质培养得独一无二……如此这般，即使你不是天生的美人坯子，那也是绝佳小女子一个。当脱胎换骨、秀色可餐的你出现在他的眼前时，你还用担心他的目光不停留在你身上吗？

维护你的容颜

懂得爱护自己的女人一定懂得打扮自己。因此，从头发的样式、护肤品的选用、服饰搭配到鞋子的颜色，无一不需要你精心地对待。从头到脚的细致，当然是需要花很多的时间和心思的。因此，要想做高贵而有气质的女人，就必须从做细致的女人开始。可别小看了细致，也许仅仅因为指甲油的颜色不协调就导致你前功尽弃。

毫无疑问，女人的脸部呵护是极为重要的。护肤品的选购和使用绝对不能偷懒，因为它关系到你的"面子"工程。

"面子"在女人的形象中占有很重要的地位，因此对女人来说，"面子问题"可谓天底下最重要的事情，从踏入青春期起，年轻的女孩们便日复一日、不辞劳苦地在不足十寸的"土地上"辛勤"劳作"。很难想象，一个蓬头垢面、灰头土脸的女人，能有多少气质美可言。美容界认为，好的肌肤是美丽的基础，完美的妆容是精神美的有效点缀。有些人天生丽质，就算不化妆也光彩夺目。但这样的幸运儿只是少数，很多人都认为自己的长相不够完美：眼睛不够大、鼻子不够高、皮肤不够细腻……而化妆的作用就是掩盖瑕疵，让你看起来更加漂亮。事实上，在正式场合下，女性化一点淡妆也被看做是礼貌的行为。

如果你不太会化妆，可以多翻阅一些美容时尚杂志，或者请教一些会化妆的"闺中姐妹"。她们会告诉你一些化妆技巧和窍门，并且你在这个过程中也能够更贴近潮流。一位有名的女化妆师说过："化妆的最高境界可以用两个字形容，就是.自然.。最高明的化妆术，是经过非常考究的化妆，让人看起来好像没有化过妆一样，并且化出来的妆与主人的身份匹配，能自然表现出那个人的个性与气质。"所以，一般场合里，淡妆最适宜。如果你每天都浓妆艳抹地出现在别人面前，也很难带给别人美的感受。

现代女性，虽然你的肤色不是很好，你的皮肤也不是"娇嫩可人"，但是只要你掌握了化妆的技巧，就会达到很好的效果，为自己增添无穷的魅力。以下是通常女性朋友觉得很自卑的两种面部皮肤的上妆方法：

1. 深色皮肤

大部分深色皮肤有色斑，需要妥善处理。用比你的肤色浅的遮瑕膏，扫擦较深色或不均匀的部位；宜使用不含油脂的液体粉底，色调应该比你的肤色浅；轻轻扑上透明干粉。对于黝黑皮肤，你可能需要用有色干粉，可抹上紫丁香或粉红干粉，增加暖色的感觉；然后抹上黄褐色或古铜色胭脂；以灰色或深紫色眼影美化明眸。

2. 雀斑脸

用浅色液体遮瑕膏遮掩阴影及瑕点，可将白色修护粉底液混合浅米色粉底，调成遮瑕膏，轻轻点在眼睛周围，小心按摩眼睛周围的皮肤；雀斑皮肤只需要少许干粉，如果面部的雀斑显著突出，可以采用化眼妆的方法来转移视线，把他人的注意力吸引到眼睛上；眼线要贴近眼睫毛，用灰色及褐色眼线笔，这样看来比较自然，切勿使用黑色，因为会与浅色的皮肤形成强烈的对比；涂上黑褐色睫毛液，再用软毛刷涂上浅褐色睫毛液，令眼睛看起来自然柔和；用玫瑰色唇膏掺杂玫瑰水，使朱唇保持湿润，要使妆容自然，可用海绵块轻轻抹去多余的颜色；最后在面颊上施上锈色胭脂，使之艳光四射，引来羡慕的目光。

女性除了要会根据自己的肤色化妆外，还要学会根据自己的形态特点给自己化妆，正所谓"欲把西湖比西子，淡妆浓抹总相宜"，这样才能让自己容光焕发、魅力无穷。

1. 学会打粉底

在上浅色的粉底之前，先在脸上抹上薄薄一层肤色修颜液，然后再擦上少量浅色粉底，能使你的皮肤迅速白皙。

2. 眼部化妆技巧

第一步是施眼影粉，眼影粉不能直接抹，应在粉底的基础上施入。涂上以后，要尽量以棉棒使之均匀。第二步是画眼线。画眼线用力要均匀。第三步是上睫毛液。睫毛液一次不能上得过多，先上一遍，等干了之后再上一遍。

3. 秀出闪亮的睫毛

美丽的睫毛能给眼睛带来神秘的梦幻般的感觉。在涂染睫毛膏之前，先要用睫毛夹把睫毛夹得翘上去。涂上睫毛时，眼睛视线要向下看，睫毛刷由上睫毛的根部向睫梢边按边涂；涂下睫毛时，眼睛视线要向上看，睫毛刷要直拿，左右移动，先沾在毛端，再刷在毛根上，最后还要把粘在一起的睫毛分开。如果每根睫毛都沾有睫毛膏，而且粗浓均匀，就达到了理想的效果。

4. 不同唇形的化妆技巧

厚嘴唇要先用粉底厚厚地抹一层，盖住原来的轮廓，然后涂一些蜜粉，再涂上口红。要使嘴角微微上翘。薄嘴唇在化妆时，要尽力表现出双唇的饱满，在画唇线时可以稍稍往外画一点儿，在上唇的中央画优美的曲线，使嘴唇显得丰满些。平直的嘴唇要在上唇画出明显的唇峰，下唇的轮廓呈满弓形。涂唇膏时，上下唇的中间颜色要浅一点儿，唇峰的颜色要深一点儿，深浅过渡要自然，突出立体效果。

女人只要掌握了以上这些简单的化妆技巧，就会让自己的"面子"时刻保持光彩夺目，让自己的外在形象更加富有魅力。

打理好头发

绝大多数的男人喜欢留长发的女子，觉得那样的女子才够美丽、够温柔。女人飘逸的长发，似乎成了女人温柔、美丽的代名词。

在如歌的岁月里，女人更应该精心地呵护自己的长发，在长发飞舞中展示自己的美丽，彰显自信。多少生活的无奈，多少光阴的瑰丽，都会在飞舞的长发里，或淡然而逝，或翩然凝思。

在不少男人眼里，现在女人的头发越来越没有味道了。现在女人的头发，有了各种颜色的染色剂，有了各种样式的烫发，可惟独缺了一份真正打动男人心的纯美感觉。

很多男人对女人头发的愿望和期待，是一头披肩的长发。有首人们熟悉的歌《穿过你的黑发的我的手》，很多男人都很喜欢，因为它道尽了青春岁月里美丽的忧伤，让人不禁想起了初恋的情人，那位长发飘飘的女孩，三千青丝瀑布般倾泻下来，如山花一样烂漫。人在画中走，指在发间游，长发随风飘起，引人无限遐思。

虽然各大美发品牌、造型店、时尚杂志都在引领各种时尚发型的风潮，可实际上，男人大多喜欢女人直发，而不喜欢烫发。而如今的不少女人选择了了烫发，越来越少的女人仍然坚持直发。

男人喜欢幻想，靠在女人的背上，闭上眼睛，从发梢开始嗅到女人的发顶。男人希望女人多留住一抹珍贵的发香，自然的东西才有永远的诱惑力。

张学友有一首歌《头发乱了》，现代男人喜欢这种感觉，一种迷离和叛逆。男人和女人亲昵时，男人喜欢抓紧女人的头发，那是一种牵引着激荡的刺激。

头发是女人柔情万般的性感工具。女人也许并不知道，当女人的发梢滑滑地扫过男人的肌肤时，有多少根头发便会传递多少柔情蜜意。

亮泽纤柔的秀发是健康的象征，是美丽的点缀。在短时间内，它可以改变颜色、卷曲、拉直或任意盘束。然而，不当的护理，再加上环境污染、起居无序等，会使头发变成生活中的烦恼。此时，一般的洗护就起不了作用了，非要去美发店不可吗？不必。有了正确的认识和护理方法，就可以把专业洗护的感觉带回家了。

1. 购买美发用品

过去我们都习惯于在商场或超市中购买洗、护发产品，现在不一样了，时尚潮流驱动我们选择一种新的购买方式来满足我们修护发丝的需要，这就是去专业发廊，像在护肤品专柜选择适合于自己的产品一样，去发廊选购适合自己发质的洗护产品。长发、短发、烫发、染发，都可以在这里找到最好、最具个性的修护。

2. 防止头发干枯折断

使用专业洗发水、护发素可以保护秀发，滋润、顺滑发丝纤维，使秀发如丝、柔顺亮泽，易于排除缠结头发，能为发丝受损部分带来深层修护，强化发质，且无丝毫沉重感，也为烫后、染后或有问题的敏感头发带来生机。

3. 为染过的头发护色

头发颜色最怕阳光和氧化两大杀手，日晒过久会导致头发的染色褪掉，因此，拥有各色漂亮染发的女人如果在夏季旅行的话，最好在出门前使用具有防晒效果的护发精华，以免紫外线加速头发褪色变浅。修护时，选用含有维生素的染发专用洗发水、润发乳也是十分必要的。

满含秋波的双眼

男人非常喜欢探索女性的眼睛，认为从女人的眼睛里能读出很多东西。女人可以用一个眼神拒绝男人，也可以融化男人。眼睛是心灵的窗户，内心一点点的波动，也会毫无保留地显露在眼睛的神色中。

异性之间免不了会有碰撞出火花的时刻，心灵的感应、思想的碰撞、身体的接触……不过最有情、最动人的是眉目间微妙传递的神情。判断一个女人对男人是否有情意，也从眼神开始。从女人的眼睛中可以判断出，这个女人是否还爱你、钟情于你。

通常，最吸引男人的有两种眼睛。一种是纯情的水灵灵的大眼睛，这是少女才有的眼睛；一种是"媚眼"，这是漂亮女人专有的眼睛。"媚"就媚在女人抛眼神的手法和技巧上。很多男人曾经有过被女人的一个"媚眼"电晕，晕得甚至不知道自己在干什么的经历。女人对抛"媚眼"的分寸把握很重要，过了，就会恶心、肉麻，分寸恰当才会电力十足。

现在还流行女人有一双迷离的眼睛，死死盯着你，却又似乎没有感觉到你的存在。

最打动人的是女人喝了一点红酒后的眼睛。中国女人一般含蓄、保守，而酒后微醺时的眼睛，满含春意，跳动着激情，这让她们变得妖媚而风情起来。

男人最怕女人"哭"时的眼睛，古往今来，有多少男人倒在了女人的泪眼下。不过，很多女人并不知道，尽管男人怕女人哭，怕被哭得心烦，怕被哭得心软，但让男人最痛心、最心碎的哭，是心爱的女人把眼泪噙在眼中，含泪地哭，无声地泣。男人知道，那是女人心中淌着有情的泪，不是撕碎了情的号啕大哭。女人扭转身去落泪的一瞬间最动人，最容易击垮天下硬朗的男人。

女人要想征服男人，最好的办法是在自己的眼睛里构筑男人着迷的世界。女人被男人征服，是因为男人有征服女人的能力。男人被女人征服，是因为女人有一双理解男人能力的眼睛。女人的眼睛其实是无边无际的情网，一旦她网住男人，男人就会变成她的"羔羊"。

在无数种女人的眼睛中，秋水眼绝对迷人。这种秋水眼表面有一层亮闪闪的秋水，那秋水神奇得很，除了无比美丽，还有极强的魔力，据说它能净化男人的心灵。

眼睛的美关键就在于要有神，当然要明眸如水才能传神。一汪潭水清澈荡漾，欲语还休含珠泪。所谓一顾倾人城，再顾倾人国。眼睛是最具有杀伤力的武器，面对一双含情脉脉的眼睛，没有几个人能够抵挡得了，眼睛的威力不可估量。当然，美丽的双眼不全是天生就长出来的，后天的栽培浇灌，也可以让女人由内而外全面美丽。

想要眼睛电死人，千万不要熬夜，睡眠不足肯定会带来黑眼圈，那一对"熊猫眼"着实能把人家吓死，这般模样只能和美女无缘了。

大多数女人只注重眼睛外部的美容，但想要拥有一双被称为"美丽"的眼睛，更离不开内部的护理。漂亮的女人都是明眸善睐的，一双水汪汪的眼睛最能打动人，它可以不大，睫毛可以不长，但一定要水灵。含水的眸子温情脉脉且深邃地看着男人，光对着他不说话，也能让他感受到千言万语在其中。如果这眼睛一旦变得干燥，目光浑浊涣散，就是配上西施的脸蛋儿也没用了。

用细节造就魅力

女人是爱情的主角，女人是家庭的轴心，女人是社会的半边天。女人的一生都在追求完美，无论在别人的眼中还是在自己的生命里，女人，都闪烁着一种无比温馨的耀眼的光芒。从细节方面着手，你一定可以成为一个魅力女人。

从外表看一个女人，你如何断定这个人在打扮上所花的心思呢？一般人都是看衣服的牌子和整体形象，但是装扮高手都是关注一些细节。很多时尚女性，她们对随身小饰品都有着高标准的要求。她们可以穿几十元一件的T恤，却不能容忍在细节处的装饰上随意降格。钱包、鞋、手表、袜子、饰品等，她们十分愿意在这些细节配件中花大价钱。因为她们相信细节决定一切，细节可以让真正有光彩的人发出更加迷人的魅力来。

对打扮之道颇有心得的明星刘嘉玲也在一次采访中道出了自己对细节的重视。她认为细节的美丽是无法替代的，如果有人不修边幅，头发凌乱、带劣质手表、穿着勾丝破洞的袜子，这将是一件多么让人难堪的事情。因此，在很多时候，一个上不得大台面的细节，就像一处小小的败笔那样破坏整体的美感。相反，如果在细节处多花点心思，就能展现自己在穿衣打扮上的细致精巧。也许你的积蓄还无法承担名牌置装费用，但只要注重一些细节，在一些小配件上将自己武装起来，你一样能成为人们注意的焦点。所以，一些小细节是非常值得投资的。

女人的魅力和美丽指数除了有无内涵之外，还有的一个区别就在于细节。细节女人指的绝不是那些琐碎的、絮叨的、毫无章法的女人。相反，细节女人指的是那些典雅的人，也许并不富有，或许外表也并不十分漂亮，但是，她给人一种舒适放松的感觉，跟她待久了，你会感到一种通体的惬意和温暖。

细节女人具有一种耐人寻味的美。这种美丽和外貌无关，你可以从一个爱做玩具的小女孩身上看到，你也会从一个把自己的白发修饰得整齐美观的老妪身上看到，你可以从一个时尚美貌的女人身上看到，同样也可以从一个朴素但却用心的女人身上看到。细节无处不在，关键在于捕捉细节的眼睛，女人的美丽通常都在细节。那种翩若惊鸿的美只能在刹那间震慑人们的目光，而细节处才能散发出动人的光辉。

著名模特凯特·莫斯喜欢我行我素，很多时候，她被狗仔队在街上抓拍到的镜头都是素面朝天，衣饰简洁，然而她却屡屡被评为最会穿衣的名人，靠的是什么？当然是细节的点缀，也许是一副墨镜，也许是一个挎包，或者是那随意的系扣方式……"魅力女神"的魔力就化身在这奇妙的小细节中。时尚只会眷顾有心人，也许我们的衣服不起眼，但经过精心的细节点缀，我们也能成为街头的亮点。

因为细节女人都是善于感受生活的人，当许多人都在抱怨生活里缺少新鲜刺激的时候，她们的生活却过得有滋有味。因为她们能够欣赏细节，从不忽视生活的每一个细节。曾经有人说过，女人20岁的美丽不算美丽，到了50岁依然美丽的女人才是真正的美丽。我想，这种美丽已经不是单纯的"以貌取人"了，更多的倒是没有被生活磨蚀掉的风采和体味生活的敏感之心。

细节女人不会给人带来压力，她们不可能是那种张牙舞爪的女人，不会咄咄逼人；相反，她们会替人想得很周全。即使在她们帮助别人的时候，也绝不会让你们有任何不舒服或者别扭的感觉。她既给你关爱，同时绝不让对方感到尴尬。这种深入到细节处的关爱真的让你有如沐春风之感。

女人都来做个细节女人吧！千篇一律的大众美女总是让人审美疲劳，精巧的细节女人却往往能给人清新、自然、舒适的感觉。

当然，要做一个细节女人不是简单的事情，这是一个系统的浩大工程。要做细节女人，最起码的就是要细心。细心的女人会让岁月成为美丽，洗尽铅华，留下精华；细心的女人在自信的舞台上轻歌曼舞，把生活经营成童话般美丽的传奇。做一个细节女人吧，一点一滴，举手投足，一颦一笑，拿捏有度、张弛有序，让你在人生的道路上左右逢源、游刃有余。

每一位追求完美的女性都应明白这样一个道理：魅力是靠你

自身全方位修炼得到的。这是一个漫长而又缓慢的过程，靠的是潜移默化、润物细无声的力量。每一个女人都应该美丽，每一个女人都应该成为魅力女人，每一个女人都应该追求完美，向完美靠拢。虽然你无法成为百分百的完美女人，但从细节方面着手，一定可以不断完善自己。

用魅力放大美丽

走在街上，漂亮的女人到处都是，但如过眼云烟，转瞬即忘；而有的女人虽不漂亮，却有摄魂的惊艳，令人驻足回眸，难以忘怀，这是因为她有独特的武器——魅力。

在这个张扬个性的时代，长得漂亮不如活得漂亮，而有魅力、有自信的女人已成为新女性的代名词。女人在不同的年龄段都有特定的魅力：20岁的清新，30岁的含蓄，40岁的豁达，50岁的精炼……美，不能仅仅局限于外表，因为外表的美是肤浅的，只有内在的美才是深刻的。

作为一个女人，无论她漂亮与否，都希望自己有魅力，得到别人对她的赞美。美丽的容颜是老天的恩赐，而魅力并不是生来俱有的，它是后天打造和雕饰的结果。女人都想使自己有魅力，富有内涵，风采可人。那么，魅力女人是什么样的呢？

女人的魅力绝不仅仅指容貌上的修饰，也应包括知识修养层面的。台湾名人李敖曾把女人爱美归纳了三个境界：第一个境界是化出来的美，没事常跑跑美容院；第二个境界是吃睡出来的美，改善饮食，保证睡眠；第三个境界是学出来的美，多读书，多积累知识，让美从内心里渗透出来。女人要保持长久不衰的魅力只有多读书，读好书，不断完善自己，提高自己的综合素养。

外貌靓丽的女人让男人眼动，内在丰富的女人让男人心动。外貌与内在完美的女人让男人激动。让男人激动的女人则是有魅力的女人。女人因拥有美丽而幸福，因有魅力而骄傲。

伯顿说："女人身上有某种超越所有人间之乐的东西：富有魅力的美德，令人销魂的气质，神秘而有力的动机。"魅力是女人身上开出的一朵花。有了它，你无须再有其他的东西；缺少它，你就是优点再多也聊同于无。

生命应该是快乐的，如同鲜花的绽放，散发迷人的芳香。女人应该善于发现生命的意义，让女性的魅力之花在生命中绽放。有"心计"的女人懂得培养自己的魅力，因为她们知道魅力的真正含义，更明白女人的内涵。当女人充分施展自己的容颜、形体、装扮和风度等各个层面的魅力时，生命就被放大、充实而丰盈了。

那么，如何才能成为魅力女人呢？当然，做个魅力女人并不是遥不可及的梦想。女人们都应该知道靳羽西，这个时代感极强、富有代表性的魅力女人，她幸运地接受了东西方文化的教育和熏陶，开创了一番女人的事业。羽西的成功不仅仅是"用一支口红改变了中国女人的形象"，还在于她在特定的年代里成为启蒙中国女性魅力的一个标志性人物。羽西在《魅力何来》一书中，把魅力分为容貌魅力、形体魅力、装扮魅力、风度魅力四种不同层次的魅力。一个成功的女人懂得尽善尽美地展现自己的魅力。

（1）容貌魅力，可以理解为外貌的魅力。所有的女人都爱美，她们为了让自己变得更美而付出了很多时间和精力：化妆、染发、服饰、减肥、美体等。但是现实生活中还有很多不注重个人形象的女人，她们肤色暗淡、头发杂乱、形体松懈，既然爱美是女人的天性，为什么这些女人不懂得修饰自己呢？原因主要有两个：一个是这些女人还没有真正认识到美和魅力是和谐统一的；一个是可能这些女人在潜意识里失去了对美和魅力的兴趣，比如说那些已经结婚的女人就在无意识间远离了美丽甚至放弃了对美丽的追求。在《泰坦尼克号》中有一句经典台词："享受生活每一天。"这句话用在女人对美的追求上也同样适用，一个热爱生活的女人，应该追求女人的美与魅力，应该懂得享受生活、享受生命，而这种追求就是从对容貌魅力的打造开始。

（2）形体魅力，可以通过舞蹈、音乐、表演等艺术方面的学习和训练课程来实现，通过这些特殊的训练可以使自己的体形日渐完美。一位法国美容专家这样说过："不要小看一个能够长久保持优美身材的女人，这通常是一个顽强和很有自制力的女人。"女人美丽的身影不仅仅是形体和漂亮的问题，这些只是表面现象，在这背后还有更深刻的内涵，那就是女性坚强的性格和坚韧的毅力，因为在塑造体形的过程中，女人首先要有长期坚持的精神。此外，良好体形在塑造之后并不能长期保持，这是一个不断巩固的过程，更是营养膳食和运动修养共同结合才能达到的结果。

（3）装扮魅力，主要是穿衣品位和色彩的搭配。这是女人形象从平凡到美丽的转化秘密，化妆学上根据每个女人与生俱来的肤色、瞳孔颜色和发色等因素，将色彩分为"春、夏、秋、冬"四大色系，而每个色系都有属于自己的几十种颜色，女人在大色系的众多颜色中可以选择适合自己的颜色和样式，但是有一个底线不能超越，否则就会黯然失色。对于女人来讲，没有不漂亮的衣服，只有不漂亮的色彩搭配，只要掌握色彩搭配的理论，女人就不会再有衣橱里缺少适合衣服的苦恼。合适的色彩搭配不仅体现女人的美丽大方，还会展示女人自身的品位，因此女人在色彩搭配问题上，首先应该了解自己的气质特征，在此基础上再选择衣服来搭配自己，做到真正的对号入座。当衣服、色彩和自身达到完美而和谐统一时，女人真正的魅力就得到了真正的展现。

（4）风度魅力，是女人教养和内涵的体现，教养是善待他人和自己。一个有教养的女人，能够认真地关注他人，真诚地倾听他人，真实地感受他人，在尊重别人的同时也赢得了别人的尊重。教养并不是很高的标准，也不是空洞无物，更不是理论上的高谈阔论，而是体现在一些细小甚至琐碎的生活细节中，比如不会在公共场合大声喧哗、使用公共厕所主动冲水、在无人看管的室外公共区域不随意丢弃废物等。所谓的"勿以善小而不为"就是这个道理，当女人能够在日常的生活中注意这些细节时，就已经具备了女人的风度。真正的教养是发自内心的，而不是做表面文章，更不是做给别人看。真正的教养源自一颗热爱自己和热爱他人的心灵，"己所不欲，勿施于人"就是对"教养"的最好诠释。一个人的教养和他的习惯是紧密相连的，坚持一种良好的习惯就会养成一种自觉的行动，而这种行动的内化就是教养。因此，要成为一个有教养的女人，首先从培养良好的习惯开始。一个有教养的女人绝对是一个有风度的女人，能够使人感到如沐春风，感觉女人的风度魅力无时不在。

每一个女人都可能使自己有魅力而美丽动人。当然这是个漫长的修炼与积累过程，只要不断地学习和补充，相信每一个女人都会成为一道靓丽的风景，散发出迷人的风采。

谁都会爱上满心热忱的女人

世界从来就有美丽和兴奋的存在，它本身就是如此动人，如此令人神往，所以我们必须对它敏感，永远不要让自己感觉迟钝、嗅觉不灵，永远也不要让自己失去那份应有的热忱。

位于台中的永丰栈牙医诊所，是一家标榜"看牙可以很快乐"的诊所，院长吕晓鸣医师说："看牙医一定是痛苦的吗?我与我的创业伙伴想开一个让每一个人快乐、满足的牙医诊所。"这样的态度加上细心考虑患者的真正需求，让永丰栈牙医诊所和一般牙医诊所很不一样。

顾客一进门，是宽敞舒适的等待区。看牙前，可以在轻柔的音乐声中，坐在沙发上，先啜饮一杯香浓的咖啡。

真正进入看牙过程，还可以感受到硬件设计的贴心：每个会诊间宽畅明亮，一律设有空气清洁机。漱口水是经过逆渗透处理的纯水，只要是第一次挂号看牙，一定会替患者拍下口腔牙齿的全景X光片，最后还免费洗牙加上氟。一家人来的时候，甚至有一间供全家一起看牙的特别室。软件方面，患者一漱口，女助理立即体贴地主动为患者拭干嘴角。拔牙或开刀后，当天晚上，医生或女助理一定会打电话到患者家里关心患者的状况。一位残障人士到永丰栈牙医诊所拔牙，晚上回家正在洗澡，听到电话铃响，艰难地爬到客厅接电话。听到是永丰栈关心的话时，他感动得热泪盈眶，说："这辈子我都被人忽视，从来没有人这样关心过我。"

从一开始就想提供令就诊者感动的服务，吕晓鸣以热情洋溢的态度赢得了市场，也增强了竞争力。

可能很多人都觉得市场经济是冷冰冰的，没有什么人情可言，所以很多人在经济追逐中感受不到温暖，只会觉得恐慌。但是我们的心态是可以调整的，我们的态度是可以改变的。保持一颗热情的心，你就会像火炬，感染身边的每一个人。

　　成功学创始人拿破仑·希尔指出，若你能保有一颗热忱之心，那是会给你带来奇迹的。热忱是富足的阳光，它可以化腐朽为神奇，给你温暖，给你自信，让你对世界充满爱。热情的女人是顾盼生辉的，热情的女人在人生的舞会上，必然是全场的焦点。"如同磁铁吸引四周的铁粉，热情也能吸引周围的人，改变周围的情况"。

肢体语言不可随意

　　很多女孩意识到了肢体语言的重要性，她们尽管不说话，但是一举手一投足之间，表现出来的都是魅力。所以，聪明女孩，你可以不漂亮，但是你的肢体语言一定要美，只有这样才能显现出你的气质、你的与众不同。

　　那么，怎么才能实现肢体语言的完美表现呢？

1. 站姿

　　（1）正式站姿。这种站姿一般适合于在正式场合，肩线、腰线、臀线与水平线平行，全身对称，目光直视，展示了一种坦诚的、谦和的、不卑不亢的形象。

　　（2）随意站姿。这种站姿要求头、颈、躯干和腿保持在一条垂直线上，或两脚平行分开，或左脚向前靠于右脚内侧，或两手互搭，或将一只手垂于体侧。这种随意站姿有时是一种随性的站姿，有时表达了淑女的含蓄、羞涩、收敛。微微含胸、双手交叉于腹前，手微曲放松，则表达了一种性感女性的曲线之美。

（3）装扮站姿。这是一种具有艺术性和表现欲望的站姿，在表达情感上最为生动，有时甚至会让人感到夸张。在舞台上、艺术摄影中常可以见到这种站姿。头斜放，颈部被拉得修长而优美，一手叉在腰上，脚左右分开，重心在直立腿上，向人们展示一种自信的美、一种艺术的美。

2. 坐姿

优美的坐姿，要求上身挺直，两眼平视，下巴微收，脖子要直，挺胸收腹，脖子、脊椎骨和臀部成一条直线。另外，一切优美的姿态让腿和脚来完成。

上身随时要保持端正，为了尊重对方谈话，可以侧身倾听，但头不能偏得太多，双手可以轻搭在沙发扶手上，但不可手心向上。双手可以相交，搁在大腿上，但不可交得太高，最高不超过手腕两寸。左手掌搭在大腿上，右手掌搭在左手背上，也很雅致。

不论坐何种椅子，何种坐法，切忌两膝盖分开，两脚尖朝内，脚跟向外。跷大腿坐时，尤其是一脚着地、一脚悬空时，悬空的一只脚尽量让脚背伸直，不可脚尖朝天。女孩子最忌两脚成"八"字伸开而坐。

这些坐姿做起来都很简单，但是要做得习惯自然，就不是一两天的功夫所能做到的，必须天天练习，时时注意，久而久之，也就习惯成自然了。

3. 行走的姿态

走路时要想保持良好姿态，可遵循以下原则：

（1）上半身挺直，下巴微收，两眼平视，挺胸收腹，两腿挺直，双脚平行。

（2）迈步时，应先提起脚跟，再提起脚掌，最后脚尖离地；落地时，脚尖先落地，然后脚掌落地，最后脚跟落地。

（3）一脚落地时，臀部同时做轻微扭动，但幅度不可太大。当一脚跨出时，肩膀跟着摆动，但要自然轻松，让步伐和呼吸配合成有韵律的节奏。

（4）穿礼服、长裙或旗袍时，切勿跨大步，否则会显得很匆忙。穿长裤时，步幅放大，会显出活泼与生动。但最大的步幅不超过脚长的两倍。

（5）走路时膝盖和脚踝都要富于弹性，否则会失去节奏，显得浑身僵硬，失去美感。

以上几种方法，虽然不能对女孩的肢体语言做到全面总结，但是对于细节方面的校正，还是能够起到一定作用的。

肢体语言不可随便。即使不是故意，一个小小的细节就可能损坏你完美的形象。所以，聪明女孩一定要经常照镜子，根据自己的实际情况和需要，为自己打造出最完美的形象。

第三章

没有委屈的生活，只有玻璃心的你

怨恨让女人远离幸福

怨恨，就像一剂慢性毒药，慢慢地侵蚀我们的生活，甚至会慢慢改变一个女人的面容。善良宽容的女人经过岁月的沉淀，越来越温和、宁静，而总是心怀怨气的女人则越来越冷漠，越来越远离幸福。

有些人早晨睁开眼睛就开始发泄怨气了，谁也没招惹她，她就怨老天爷：天这么闷，怎么不下雨呢？夏天就应该有夏天的样子，不下雨算什么夏天？下了雨，她又说，下雨做什么呢？做什么事情都不方便，这鬼天气，还真是不想让人好过……不管是晴天还是雨天，这天气总是她的一块心病。其实不止天气，工作和生活中的不如意事那么多，让她心怀怨气的事情总是没完没了的。

可是，怨恨又有什么用呢？生活还是老样子，不会因为我们的怨恨而改变。只是有一些人养成了凡事都看不顺眼的习惯，不管看什么，都要说上几句，以发泄自己的情绪。他们利用抱怨，麻痹自己的心灵，甚至将自己的某些挫折、失误也归咎于外界的因素，寻求别人的同情。可是，生活对待每个人都是有苦也有甜的，同样的事情发生在别人的身上，就什么事情都没有，放在你的身上，就问题一大堆，这是为什么呢？

一位老人，每天都要坐在路边的椅子上，向开车经过镇上的人打招呼。有一天，他的孙女在他身旁，陪他聊天。这时有一位游客模样的陌生人在路边四处打听，看样子想找个地方住下来。

陌生人从老人身边走过，问道："请问大爷，住在这座城镇还不错吧？"

老人慢慢转过来回答："你原来住的城镇怎么样？"

陌生人说："在我原来住的地方，人人都很喜欢批评别人。邻居之间常说闲话，总之，那地方让人很不舒服。我真高兴能够离开，那不是个令人愉快的地方。"摇椅上的老人对陌生人说："那我得告诉你，其实这里也差不多。"

过了一会儿，一辆载着一家人的大车在老人旁边的加油站停下来加油。车子慢慢开进加油站，停在老先生和他孙女坐的地方。

这时，父亲从车上走下来，对老人说道："住在这市镇不错吧？"老人没有回答，又问道："你原来住的地方怎样？"父亲看着老人说："我原来住的城镇每个人都很亲切，人人都愿帮助邻居。无论去哪里，总会有人跟你打招呼，说谢谢。我真舍不得离开。"老人看着这位父亲，脸上露出和蔼的微笑："其实这里也差不多。"

车子开动了。那位父亲向老人说了声谢谢，驱车离开。等到那家人走远，孙女抬头问老人："爷爷，为什么你告诉第一个人这里很可怕，却告诉第二个人这里很好呢？"老人慈祥地看着孙女说："不管你搬到哪里，你都会带着自己的态度：你如果一直怨恨周围的人和环境，那么你的心中就充满了挑剔和不满，可是感恩的人，却能够看到人们的可爱和善良。我正是根据两个不同人的心理给出的答案啊！"

心态不同，看到的世界就会不同。如果一个女人的心中只有怨气，那么她的人生则是灰色的，她的目光只会为了生活中的不如意而停留，她的生活总会被烦恼占满，她的心里也会总是被沮丧和自卑充斥着。

不可否认，人生的确少不了磨难，生活的五味瓶里，除了甜，没有什么再是人们的向往，可偏偏酸咸苦辣是生活中不可或缺的，它们才真正丰富了我们的人生。人生需要苦难的洗礼，正是因为那些折磨过我们的人，我们才能在挫折中找到自己的不足，才能逐渐完善自己。

眼前的困难，不会成为你一辈子的障碍。所以，即使现在面临困境，也不要因为悲观而落泪，坚持一下，总会遇到自己的晴天。生命，是苦难与幸福的轮回。只要我们在逆境中也能坚持自己，再苦也能笑一笑，再委屈的事情，也能用博大的胸怀容纳，那么，人生就没有我们过不去的坎儿。

当我们走出生活的阴霾，用乐观的心重新打量这个世界的时候，我们就会发现，原来不是生活不美好，而是我们一直在怨恨中扭曲了自己。

不嫉妒他人的女人是天使

某大学曾经发生过一个悲惨的故事：一名生物系即将毕业的女研究生，用水果刀将自己的导师刺伤，随即举刀自尽。这位女生自小就有自卑心理，虽然在升学的道路上，她成绩优异、一帆风顺，但她孤僻而爱嫉妒的性格始终没有改变。在就读研究生时，她的刻苦精神深得导师器重，但导师更喜欢另一位女生灵活而幽默的性格。于是她妒火中烧，数次在导师面前中伤那位同学。导师明察之后，发现多数事情纯属子虚乌有，便委婉地批评了她。由此，该女生怒不可遏，干出蠢事。

女人的嫉妒是可怕的。有人说，女人的天敌还是女人。因为女人常常忍受不了其他女人的成功，只要对方有一些方面是强于自己的，那么就有可能会对她产生一种嫉妒之感。为了自己心理上的平衡感，她们可能会作出一些违反常规的事情。可是，为什么女人对待同性的嫉妒心理会这么强烈呢？

单纯地来看女性对于同类的嫉妒，我们就会发现，很多时候她们都是一种身不由己的心态驱使的。与男人相比，女人要考虑的问题可能会多一些。她们常常要求自己完美，不允许自己有一点不足。所以，一个女人常常是将"精装版"的自己展现在别人的面前，为了维护自己的形象，她已经花费了全部的心思，浪费了几乎所有的精力。这个时候，她们的内心是渴望得到别人的肯定和赞扬的，就好像她们每个人都在努力学习一样，尽管成绩不是很好，但是希望别人对自己的努力给予肯定。这样的心态，让女人对别人的评价太过重视，是产生嫉妒心理的前提之一。

另外，女人都是排外的。即使是最好的朋友之间，她们也希望自己才是唯一的主角，其他人都成为自己的陪衬。可是，如果这样的期待没有实现，自己还成为了别人的配角，这时候，女人的内心就如同经历了一次重大的打击，嫉妒之感由此而生。

嫉妒，可以说是女人的天性。生活中的她们，不可能时时刻刻都做到完美，面对比自己强的人，由于长久的羡慕或者各种感情的混杂会演化成一种嫉妒。可是，身为一个女人，应该怎样克制自己的嫉妒？

首先，对待自己的嫉妒，要摆正心态，"不以物喜，不以己悲"，要常常告诫自己：即使是嫉妒，也得不到对方的优势，没必要因为别人的好而让自己变得更加不好。

其次，洒脱面对同性的嫉妒，不要因为别人的种种心态就想改变自己。为了别人的嫉妒而改变自己是没有任何意义的。只要掌握了方法，就能控制自己烦忧的情绪，并且弱化别人的嫉妒。

知道如何克制自己的嫉妒之后，还应学会如何应付来自同性的嫉妒：

1.把对方的嫉妒当成同情。别人嫉妒你，说明你在一些方面已经出类拔萃了。可是，如果是一些比你年老的人嫉妒你，说明到了一定的年纪，你也可能被年轻人赶超，这个时候，你就把她们的嫉妒当做是对你的同情，因为以后你也可能会遭遇类似的事情。这样，你就不会觉得别人的嫉妒会刺痛你的神经了。

2.把对方的嫉妒当成是一种感谢。嫉妒你的人，可能会千方百计地找出你的不足，让你难堪。可是，这个过程恰好可以让你发现自己更多的不足，从而完善自己。所以，你完全可以将别人的嫉妒堪称是促进自己进步的阶梯。

3.把利益也分给那些嫉妒你的人。有些女人天生喜欢嫉妒，也天生爱贪小便宜。如果能够分给她们一些利益，收买她们，那么她们就会弱化对你的敌意，从而可能成为你的朋友。

可见，每个人都可能会遇到同性的嫉妒，但是它并不是一个无解的难题。只要能够掌握方法，洒脱面对，那么一切问题都能迎刃而解。

不嫉妒他人的女人是天使，宽容是另一种智慧。聪明的女人会把别人的优秀化作鞭策自己的力量，努力向更优秀的人学习，把她们作为自己前进的动力，这才是积极向上的正确做法。若因嫉妒产生偏激心理，存有自卑心态，终日妒火中烧，最终只能是引火自焚。女人不要再为别人的幸福而徒增烦恼、心存嫉妒了。好好经营自己的幸福，让嫉妒这个由虚荣滋长出来的毒苗消失在自己的乐观和豁达中。驱散心中的嫉妒魔鬼，才能让宽容天使在心中常驻，少一分嫉妒，多一分宽容，就在无形中积聚了自信的资本和力量。

懒惰的女人再美也不惹人爱

女人，长得不美并不可怕，可怕的是太懒惰。因为懒惰从某种意义上讲就是一种堕落，具有毁灭性，它就像一种精神腐蚀剂一样，慢慢地侵蚀着你。一旦背上了懒惰的包袱，生活将变成你脚下的泥潭。

懒惰是许多女人虚度时光、碌碌无为的性格因素，这个因素最终致使她们陷入困顿的境地。产生惰性的原因就是试图逃避困难的事情，图安逸，怕艰苦，积习成性。女人一旦长期躲避艰辛的工作，就会形成习惯，而习惯就会发展成不良性格倾向。

城市附近有一个湖，湖面上总游着几只天鹅，许多人专程开车过去，就是为了欣赏天鹅的翩翩之姿。

"天鹅是候鸟，冬天应该向南迁徙才对，为什么这几只天鹅却终年定居，甚至从未见它们飞翔呢？"渐渐地，有人这样问湖边垂钓的老人。"那还不简单吗？只要我们不断地喂它们好吃的东西，等到它们长肥了，自然无法起飞，就不得不待下来。"

圣若望大学门口的停车场，每日总能看见成群的灰鸟在场上翱翔，只要发现人们丢弃的食物，就俯冲而下。它们有着窄窄的翅膀、长长的嘴、带蹼的脚。这种"灰鸟"原本是海鸥，只为城市的食物易得，而宁愿放弃属于自己的海洋，甘心做个清道夫。

湖上的天鹅，的确有着翩翩之姿，窗前的海鸥也实在翱翔得十分优美，但是每当看到高空列队飞过的鸿雁，看到海面乘风破浪的海鸥，就会为前者感到悲哀，为后者的命运担忧。鸟因惰性而失去飞翔的能力，人也会因惰性而走向堕落。如果想战胜你的慵懒，勤劳是唯一的方法。对于我们来说，勤劳不仅是创造财富的根本手段，而且是防止被舒适软化、涣散精神活力的"防护堤"。

有位妇人名叫雅克妮，现在她已是美国好几家公司的老板，分公司遍布美国27个州，雇用的工人达8万多。

雅克妮原本是一位极为懒惰的妇人，后来由于她的丈夫意外去世，家庭的全部负担都落在她一个人身上，还要抚养两个子女，在这样贫困的环境下，她被迫去工作赚钱。她每天把子女送去上学后，便利用余下的时间替别人料理家务，晚上，孩子们做功课时，她还要做一些杂务。这样，她懒惰的习性就被克服了。后来，她发现很多现代妇女都外出工作，无暇整理家务，于是灵机一动，花了7美元买清洁用品，为有需要的家庭整理琐碎家务。渐渐地，她把料理家务的工作变为一种技能，后来甚至大名鼎鼎的麦当劳快餐店也找她代劳。雅克妮就这样夜以继日地工作，终于使订单滚滚而来。

有些女人终日游手好闲、无所事事，无论干什么都舍不得花力气、下功夫，但这种人的脑瓜子可不懒，她们总想不劳而获，总想占有别人的劳动成果。正如肥沃的稻田不生长稻子就必然长满茂盛的杂草一样，那些好逸恶劳者的脑子中就长满了各种各样的"思想杂草"。

每个人都想只享受劳动成果，而不愿从事艰苦的劳动。可是时间长了，人们自然会明白你是一个什么样的人，一定会对你感到厌烦并敬而远之。生性懒惰的人不可能在社会生活中成为一个成功者，他们总是会失败的。

懒惰是一种恶劣而卑鄙的精神重负。女人一旦背上了这个包袱，就会整天无所事事、怨天尤人、悲观失落。这种人注定了不会受到别人的欢迎，也终将成为丈夫眼中令人绝望的怨妇。

适应不可避免的事实

这件事发生在我很小的时候。有一天，我和邻居的几个朋友一起在我家附近一间废弃很久的老木屋的阁楼上玩。那时候的我也是很调皮的，所以当有人提起从阁楼上跳下去时，我第一个就响应了。我在窗栏上站了一会儿，然后很"勇敢"地跳了下去。

就这一跳，让我付出了惨重的代价。当时，我的左手食指上带了一枚戒指。就在我的身体往下落的时候，戒指被一根钉子勾住了，而我的整根手指也被生生扯了下来。

当时我吓坏了，因为那种疼痛确实让人很难忍受。我认为我一定活不长了，可实际上事情远没有我想象得那么糟。等我的手伤痊愈以后，我几乎没有为这次受伤烦恼过。是的，烦恼又能怎样呢？还不如慢慢适应这个不能避免的事实。直到今天，我几乎已经忘记了那件令人痛苦的事情——我的左手只有4根手指。

女士们，相信你们一定和我有同样的想法，那就是每当人们处于不得已的情况时，总是能够尽快地去适应它。因为只有去接受这种情形，才能让我们忘记它所带来的痛苦。每当我遇到不开心、不快乐的事情时，总是会想起刻在荷兰一座古老教堂里的话：事情既然已经这样了，那就不可能会有其他改变了。

我认为这句话非常具有哲理，因为我们一生总是难免会遇到各种各样的挫折和不快。面对这些东西时，我们可以有两种选择：一种是接受它，适应它；另一种是担心它，忧虑它，让它摧毁我们的快乐生活。

不适应现实的结果：

改变不了任何事情；

变得紧张、忧虑、神经质；

使周围的人不能快乐地生活；

失去对生活的希望；

可能导致精神错乱。

就在前不久，我去拜访了一位资深的心理学家，问及他应该以怎样的心情来应对不幸才能最终获得胜利。心理学家给我的答案让我有些吃惊，他告诉我说："很简单，只要你接受了它，适应了它，那么你就已经迈出了成功战胜不幸的第一步。"本来我对他的这种说法有些怀疑，但在我接到俄亥俄州的伊丽莎白女士的信以后，我彻底接受了他的意见。

伊丽莎白女士在信中给我讲述了她亲身经历的一件事。那天，伊丽莎白突然接到了国防部的电报。国防部遗憾地通知她，她最爱的侄儿乔治在北非战场上战死了。天啊，伊丽莎白女士简直不能承受如此之大的悲痛。在这之前，她是多么的幸福啊！她一直都很健康，也拥有一份很好的工作，而且还有一个由她一手带大的侄儿。在她看来，乔治是世界上最完美的年轻人，没有人可以替代他。伊丽莎白女士非常欣慰，因为她觉得自己付出的一切都有了回报。

然而，一封电报却毁灭了她的一切。伊丽莎白女士觉得自己的事业已经没有了希望，认为自己活下去都是多余的。她开始轻视自己的工作，忽视自己的朋友。她不明白，为什么一个这样优秀的年轻人会过早地结束自己的生命。正当伊丽莎白女士被这突如其来的灾难折磨时，一封信改变了她。

这天，伊丽莎白女士在家清理侄子的遗物——她已经有很长时间没有去工作了。突然，她发现了一封几乎已经被自己忘掉的信，那是她侄子写给她的，内容是安慰她不要为她母亲的去世太伤心。信中这样写道："我们都是十分想念她的，尤其是你，我的姑妈。但是我十分相信你，我知道你一定可以撑过去，因为你一直是我心中最坚强的女性。你曾经教导过我，不管遇到什么困难，我都应该像个男子汉一样勇敢地面对。"

伊丽莎白女士流着眼泪把这封信读了一遍又一遍，感觉就像是侄子在身边和她说这些话。她突然觉得，这就是侄子的安排，他想让自己知道：为什么自己不能按照这些方法去做，把悲伤和痛苦化解呢？

从那以后，伊丽莎白女士变了。她重新投入到了自己的工作中，对周围的人也开始十分热情。伊丽莎白女士经常对自己说："乔治已经离开我了，这是我不能改变的。我能做什么？我能做的只有像他所希望的那样快乐地生活下去。"于是，伊丽莎白女士把自己的精力和爱都给了其他人。她培养了自己新的兴趣，让自己结交了很多新的朋友。渐渐地，她将那些悲伤的过去忘掉了。如今，她生活在快乐与幸福之中。

女士们，你们是否从伊丽莎白女士身上学到一些东西呢？我学到了，那就是环境本身其实并不会让我们感到快乐或是不快乐。相反，我们对环境的反应才最终决定我们的感受。事实上，我非常清楚地知道，大多数女士的内心是十分脆弱的，因为她们没有勇气去承受住灾难的降临。但是，我要告诉各位女士的是，每一个人，包括各位女士，你们都有能力去战胜灾难。不要以为你们办不到，其实你们内在的潜力是有着惊人的力量的。只要你们能够巧妙地把它们利用起来，那么你们就可以战胜一切。

有一次，我的训练班上来了一位女士，她说自己正在忍受着灾难的折磨。起初，我以为她也是属于那种脆弱的女士，于是就劝她勇敢地面对一切。可那位女士对我说："卡耐基先生，我一直都非常勇敢！我不服输，也绝不忍受命运的摧残，我要反抗，我要抗争，我绝不向命运低头。"突然间，我发现自己找错了方向，因为这位女士和伊丽莎白并不一样。她并不是忍受不了灾难的打击，而是因为不懈地反抗才换来的烦恼。

当时我的处境真的很窘迫，因为我不知道到底该怎么回答这位女士。我拼命地在脑子里思索，希望能找到足够的证据来劝说这位女士。最后很幸运，我终于想起了一个例子。我认为这对那位女士是非常有帮助的。现在，我也把这个故事讲给各位女士。

相信女士们对萨莱·波恩萨特一定不陌生，因为在最近50年来，她一直都是四大州剧院里最受欢迎的女演员，然而命运之神却在她晚年的时候捉弄了她。她先是失去了所有的财产，接着又被告知需要把一条腿锯掉。

原来，萨莱坐船去法国，在海上突然遇到了暴风雨。她摔倒在了甲板上，摔伤了自己的腿。由于船上的医疗设备太简陋，所以延误了伤口的治疗，结果导致萨莱患上了静脉炎和腿痉挛。当被送往医院的时候，萨莱已经因为忍受不了剧烈的疼痛而昏过去好几次了。医生检查完受伤的腿以后，马上诊断出必须要锯掉。说实话，这位医生有些胆小，因为他知道萨莱是一位脾气暴躁的女士。可让人没有想到的是，萨莱却异常平静地说："哦，这是上帝的安排，这就是我的命运。我不会去抵抗，更不会懊恼。既然医生认为非这样不可，那我也只好听天由命了。"

当萨莱被送往手术室的时候，她的孩子们都在一旁伤心地哭着。萨莱却笑着对他们说："好了，我的孩子们！别这样好吗？你们要知道，这样做会给医生和护士产生很大压力的。为什么要为这件事伤心呢？我从来不想去反抗什么，我很快就会没事的。"

事实上，萨莱真的做到了。手术进行得很顺利，萨莱恢复得很好。后来，她居然还开始了环游世界的演出，而且收到了很好的效果。

当我讲完这个故事的时候，那位刚才还满脸忧虑的女士突然间恍然大悟，说道："你说得太对了，卡耐基先生，为什么我以前就没有想到呢？事实上，前两天我还在《读者文摘》上看到这样一句话：我们完全可以节省下一些精力去创造一个美好的生活，前提是不去反抗那些不可避免的事情。天啊，我真的太傻了！从现在起，我知道该怎么做了。"

这位女士真的很聪明，因为她马上就明白自己该如何面对那些不可改变的事实了。最好的办法并不是不停地抗争，而是选择"低头"适应。我有一个很形象的例子讲给各位女士。相信女士们一定都想知道为什么汽车的轮胎可以在公路上持续地跑很长时间。事实上，起初设计人员在设计轮胎时，总是想把它设计为可以抵抗路面一切的阻碍。可是结果显示，那些轮胎一个个都被颠簸得支离破碎。后来，设计人员改变了设计思路，他们设计出一种能够承受路面所带来的一切压力的轮胎，这种轮胎一直使用到现在。

女士们，实际上我们每个人就像一辆车，而我们的思想就是四个车轮。人生之路要比那些笔直、平坦的高速公路颠簸得多，所要遇到的阻碍也多得多。如果我们为自己安上"强硬"的轮胎，那么我们的路途恐怕就不会快乐顺畅了。相反，如果我们吸收了这些挫折呢？答案非常简单，一切的困难和矛盾都会消失，我们也不会被忧虑所困扰。

当然，在这里我必须要澄清一点。我建议女士们适应不可避免的事实，建议女士不去反抗所遇到的灾难，这并不代表我是一个宿命论者，也并不表示我希望女士们在碰到任何挫折的时候都选择退缩和放弃。事实上，我更希望看到坚强的女士，希望女士们能够勇敢地面对一切。不管在什么情况下，只要还有哪怕是一丝希望，我们都要努力奋斗。

可是，当那些人力所不能改变的事情发生时，比如亲人离我们而去、自然灾害所造成的损伤等，我们应该选择适应。这些事情是不可能避免的，更是不可能改变的。也就是说，不管我们再怎么努力，都不能使事情本身出现任何转机，因此我们应该毫不犹豫地选择适应。

最后，我再为我的观点找一个经典的论据。早在耶稣出生前

399年，就有一句非常经典的话在欧洲流传："对那些必然发生的事，应该轻松快乐地接受它们。"

做自己情绪的主人

那是很多年前的事了，那时候我的事业才刚刚起步。女士们都知道，创业初期是很累人的，每天似乎都有忙不完的事。于是，为了减轻自己的负担，我决定请一个女秘书。后来，在一位朋友的介绍下，我雇用了一位名叫丽莎的小姑娘。我必须承认，丽莎的能力很强，的确让我轻松了很多。然而，只要是人就一定会犯错误，丽莎也不会例外。

这天，我在检查文件的时候发现，丽莎居然粗心地把一份很重要的文件搞错了。当时的我也并不成熟，所以就狠狠地批评了丽莎一顿。后来，当冷静下来的时候，我觉得自己的做法有些不妥，于是又向丽莎道了歉。

本来，我以为这件事很快就会过去，然而却并非如此，丽莎从此变得一蹶不振。她是个挺细心的姑娘，平时很少出错，可从那以后，她的工作却频频出错。不光这样，我还发现她工作的时候常常心不在焉，有时候我连叫几声她都听不见。我不知道丽莎是怎么了，难道就是因为我批评了她？不，我觉得不应该是，因为被别人批评也是一件很平常的事，不应该给她造成这么大的影响。

几天以后，我的那位朋友打电话给我，问我丽莎最近是不是出了什么事。我把丽莎的工作情况简单说了一下，并问他是如何知道的。朋友告诉我，丽莎的父母找到他，说丽莎最近变得沉默寡言，而且还非常容易发脾气，常常因为一件小事就和父母大吵一架。我似乎已经明白了其中的原因，于是在挂掉电话以后，我把丽莎叫到了办公室。

我问丽莎："有什么可以帮你的吗？我知道你最近的情绪很不好！首先，我为我那天的行为道歉，因为我的行为受到了情绪的控制。真是对不起！"

丽莎对我说："不，卡耐基先生，这和你没有什么关系！即使你今天不找我，我也正打算向您辞职。实际上，从那次您批评我之后，我就对自己丧失了信心。现在，我根本没有办法集中精神工作，因为我老是担心出错。可我发现，我越是担心就越出错。不光这样，每天回到家的时候，我不愿意和父母多说话，而且心情非常烦躁，常常和父母吵架。对不起，卡耐基先生，我真的做不下去了，因此我还是决定辞职。"

老实说，当时我真的很想帮助丽莎，可是我却想不出一个好的办法。无奈，我只好同意了她的请求。事后，我专程前往华盛顿，到那里去拜访美国著名的心理学家约翰·华莱士，希望从他那里得到一些好的建议。

华莱士告诉我："丽莎这种做法是典型的情绪失控，而戴尔你也差一点做出同样的蠢事。从严格意义上讲，情绪不过是一种心理活动而已，但你千万不能小看它。事实上，它和一个人的学习、工作、生活等各个方面都息息相关。如果一个人的情绪是积极的、乐观的、向上的，那么这无疑就有益于他的身心健康、智力发展以及个人水平的发挥。反过来，如果一个人的情绪是消极的、悲观的、不思进取的，那么这无疑就会影响到他的身心健康，阻碍它智力水平的发展以及正常水平的发挥。"

我同意他的说法，于是追问道："那有什么办法能够解决这个问题吗？"

华莱士笑了笑："很简单，做自己情绪的主人。"

女士们，不知道你们在读完上面的故事以后有什么感想？是不是觉得自己有时候也和丽莎一样？有人曾经说，女人是最情绪化的生物。我对这句话有些意见，因为它的言外之意就是说女士们都无法控制自己的情绪，都是情绪的奴隶。虽然不愿意承认这是真的，但事实却让我哑口无言。很多女士都被自己的情绪所拖累，似乎所有的烦恼、忧闷、失落、压抑和痛苦等全都降临到自己的身上。她们的生活没有了快乐，开始抱怨这个不公的世界。她们每天都祈祷上帝，希望她能早一天将快乐降到自己身上。

其实，女士们何必如此呢？人是世界上感情最丰富的动物，也是情绪最多的动物。喜、怒、哀、乐对于每一个人来说都是再正常不过的事情了，何必让那些小事打扰了我们正常的生活呢？

其实，女士们只要进行一定的自我调整，是能够让自己成为情绪的主人的。可是为什么还是有很多女士做不到这一点呢？答案就在下面的这个例子中。

有一次，我的培训班上来了一位非常苦恼的女士。她对我说："卡耐基先生，帮帮我好吗？我真的难过死了！"我问她究竟发生了什么事。她回答我说："是这样的，我真的受不了自己的脾气了（请注意，她是说自己的脾气，而不是情绪。显然，她没有认识到本质的问题）。我不明白，为什么身为一个女人我竟然会如此的情绪化？我管不住我的脾气，经常会因为一些鸡毛蒜皮的小事大发脾气，有时候还又哭又闹。我知道这样做不好，可我也没办法。"我说："既然你知道自己的问题所在，为什么不试着控制它呢？"女士显然有些激动，大声说："我怎么没有控制？我试过了，可那根本不管用！一切都发生得太快了，我还没来得及多想就已经作出了判断。事实上，这一切都不是出自我本意的。"

女士们，你们找到答案了吗？实际上，人之所以会被情绪控制自己，主要是因为当人们周围的环境变化得过快时，人们的潜意识会告诉自己："不，绝不能让自己受到伤害，我一定要保护自己。"的确，这时候人的情绪就会指导人将自己变成一只蜷缩好的、准备战斗的刺猬，会毫不留情地攻击给你施加伤害的人。这也就是我们所说的情绪失控。

其实，很多女士都知道控制情绪的重要性，不过她们在遇到具体的问题的时候却往往会败下阵来。她们会说："我知道控制情绪的重要性，也梦想着成为情绪的主人。可是，控制情绪实在是一件太困难的事情了。"显然，她们是在向别人表示："我做不到，我真的无法控制自己的情绪。"还有的女士习惯于抱怨生活，她们总是说："我大概是世界上最倒霉的人了，为什么生活会对我如此不公？"言外之意就是在对别人说："这不能怪我，是生活环境逼迫我这样做的。"正是这些看似合理的借口使女士们放弃了主宰自己情绪的权力。她们在这些借口中得到安慰和解脱，从而没有勇气去面对失控的情绪。

因此，女士们如果想主宰自己的情绪，成为情绪的主人，首先就要让自己有这样的信念：我相信自己一定可以摆脱情绪的控制，无论如何我都要试一试。只有这样，女士们的主动性才能被启动，从而真正战胜情绪。的确，让自己拥有自我控制意识，是打赢这场战争的最关键一步。

罗琳是位情绪化非常严重的女士，经常会和身边的朋友大吵大闹。其实，她也对此事也非常苦恼，因为这使她失去了很多朋友。为了能够帮助自己，罗琳报名参加了我的培训课。然而，几天下来，罗琳似乎并没有得到她想要的东西。于是，她在私下里找到了我。

她问我："卡耐基先生，你说的那些道理我都明白，可是我到现在还是不知道该如何解决我的问题。事实上，你的课程并没有给我提供很大的帮助。"

我回答说："是吗？好，那我首先要弄明白你是否愿意改正你的缺点？"

罗琳又开始激动了，她没好气地说："你在说什么？难道我不想改正吗？如果是那样的话，我就不会来到这里听你讲课了。你以为改变一个人真的那么容易吗？我现在已经坚信我不可能改正这个错误了。"

我笑着对她说："是吗？罗琳女士！你认为你不可能改变自己？可我不这么认为。我觉得你之所以没有成功，完全是因为你对自己没有信心。你没有勇气去面对你的情绪化，你更加没有信心战胜它，所以你不会成功。"

尽管罗琳女士当时表现得满不在乎，但我知道她已经相信了我的话。后来发生的事情证实了我的猜测，因为罗琳女士正在一点点地改变自己。

其实，控制自己的情绪并不是一件非常困难的事，只要女士们掌握了一定的方法，还是完全可以做到的。

在这里，我还有一个小技巧要教给女士们，那就是当你们心中产生不良情绪的时候，不如选择暂时避开，把自己所有的精力、注意力和兴趣都投入到其他活动之中。这样就可以减少不良情绪对自己的冲击。

卡瑟琳有一段时间非常失意，因为她经营的一家小杂货店破产了。很多人都为她担心，怕她做出什么傻事，因为那家杂货店倾注了她太多的心血。谁知，卡瑟琳非但没有垂头丧气，反而对她的朋友说："现在我已经欠了银行几百美元，所以我必须到外面去避避难。"就这样，卡瑟琳独自一人到外面去旅游，并借此打发掉了心中的烦闷。

女士们，我们的先人曾经为了自由战斗过，而今天你们依然是在为自由而战。你们的对手是自己的情绪，只有你们战胜了，成为了情绪的主人，才能让你获得真正的自由之身，才能让你过得幸福快乐。

最后再考虑你的自尊心

总是喜欢拿"问心无愧"为自己的不当行为开脱的女人，往往也都是自尊心很强、过于考虑自尊的人。

我们平常所说的自尊心，是个体因自身的价值、在群体中的地位而肯定自己、接纳自己的体验。自尊心是自我意识中最敏感的一个部分。自尊心强的人对自己的生活比较满意，不仅对自己持肯定态度，也往往能接纳别人，乐于参加社会活动。

但是，有的人自尊得过分，特别好面子，贪图表面光彩，这就走向了虚荣。刚者易折，洁者易污。自尊心过强的人会显得特别脆弱，容易伤害别人，也容易被人伤害。这种人往往欠随和，别人偶尔不慎说了不够尊重他的话，他就会产生强烈的情绪反应。因此，他很难和他人处好关系。

过于自尊就成了自卑。为了自尊心，我们做过多少实际上不利于自己的事情？

因为在公司经常被老板命令做些工作之外的杂事，觉得有伤自尊，因而毅然辞去薪水可观的工作；因为一点小事和男友争吵，由于自尊、拉不下面子承认自己的错误，而错失一个自己其实深爱的男人；花掉半个月的工资去请一大堆客人到家里来玩，而不好意思让大家AA制，因为这样很没面子……

她是公司的一个普通职员。有一次，公司组织了一次主管级的培训，这次培训意味着公司将会提拔一批员工。她发现培训名单上有和自己同一职务、同一级别、业务能力似乎不如自己的女同事的名字，却没有自己的名字。她很受打击：她有什么好？她哪一点比得上我？为什么老板却偏偏看上了她？这件事让她心里很不平衡。从此她工作情绪越来越低落，甚至对老板交代的任务有抵触心理。不久，她就主动向公司提出了辞职，舍弃了一份当初好不容易得来的工作。

聪明的女人应该懂得，自尊心是建立在自信的基础上的。有自尊心的人也承认自己有比不上别人的地方，但是她们相信通过努力能够改变这种状况。而虚荣心却建立在自卑的基础上，有虚荣心的女人非常在意自己在别人眼里的形象，总是不由自主地掩盖自己的弱点，以便显得自己和别人不一样或比别人更优越。虚荣心使她们不是去努力提高自己的实力，而是急功近利地做表面文章，结果到头来并不能真正改变不利地位，反而进一步丧失了自尊。

在东方的中国文化中，自尊心被外化为"面子"，在中国人眼中面子非常重要。面子是一种表面上的收益。因为有了这项收益，可以承受实际上的没有收益或损失。有时，这有很强的负面作用。

J.戴维斯还举了实际的例子来说明中国人的重面子问题：

我曾经做过一些消费者权益方面的工作。当我在饭馆吃完饭买单时，经常看到单上有一些错误。比如我没点某个菜，但单上却出现了。我习惯于在买单时仔细地看一看，以保证我付的钱和点的菜是一致的。在出错时，我会指出来。中国人一般不会仔细地看单子，请客、买单，是一连串很潇洒的动作。看单子这种做法在中国人眼里可能是没面子的事。但是在美国人眼里，如果买的菜和付的钱不一致，反而是没面子的，因为自己没有管理好这个过程。

有的人认为，坚持自己的原则就是自尊，其实不然。我们有时候可以看到大街上两个女人吵架，引来一群人围观。她们骂得不可开交，要多难听有多难听，理由都是为了维护自己的尊严，赢得公正。一方面维护自尊，一方面成为路人取乐的对象，这不是自相矛盾吗？

世界上有太多比自尊心更重要的东西。如果真的懂得珍惜自己，那就先放下自尊心，作出最有利于自己的选择。如果在一件事情上你的良心不会受到谴责，那你也不应当让你的自尊心受到伤害。

女人，做事情之前，请先放下你的自尊心。只有先把它放在一边，最后才能真正地维护它。

纵然生活凌厉，依然要内心向暖

永远不要做个"怨妇"

在生活中，常有女性抱怨爱人不够体贴，孩子不听话；在工作中，埋怨上级不会领导、安排工作不合理得力，等等。总之，对生活永远是一种抱怨，而不是一种感激。她们只计较自己得到了什么，在自己和别人的得与失之间斤斤计较。殊不知，她们喋喋不休的抱怨，不仅不会带来任何改善，反而会让别人对你产生不好的印象。

"烦死了，烦死了！"一大早就听张丽不停地抱怨，一位同事皱皱眉头，不高兴地嘀咕着："本来心情好好的，被你一吵也烦了。"张丽现在是公司的行政助理，事物繁杂，可谁叫她是公司的管家呢，事无巨细，不找她找谁？

其实，张丽性格开朗，工作起来认真负责，虽说牢骚满腹，该做的事情，一点也不曾拖延。设备维护、办公用品购买、交通讯费、买机票、订客房……张丽整天忙得晕头转向，恨不得长出8只手来。刚交完电话费，财务部的小李来领胶水，张丽不高兴地说："昨天不是来过了吗？怎么就你事情多，不是领这个，就是领那个！"抽屉开得噼里啪啦，翻出一个胶棒，往桌子上一扔，说："以后东西一起领！"小李有些尴尬，又不好说什么，只得赔笑脸。

大家正笑着，销售部的王娜风风火火地冲进来，原来复印机卡纸了。张丽脸上立刻晴转多云，不耐烦地挥挥手："知道了。烦死了！和你说一百遍了，先填保修单。"单子一甩，"填一下，我去看看，"张丽边往外走边嘟囔，"综合部的人干什么去了，什么事情都找我！"对桌的小张气坏了："这叫什么话啊？我招你惹你了？"

态度虽然不好，可整个公司的正常运转真是离不开张丽。虽然有时候被她抢白得下不来台，也没有人说什么。怎么说呢？她不是应该做的都尽心尽力做好了吗？可是，那些"讨厌"、"烦死了"、"不是说过了吗"……实在是让人不舒服。

年末的时候公司选举先进工作者，领导们认为先进非张丽莫属，可一看投票结果，50多份选票，张丽只得12张。有人私下说："张丽是不错，就是嘴巴太厉害了。"张丽很委屈："我累死累活的，却没有人体谅……"

喜欢抱怨的人不见得不优秀，但常常不受欢迎。抱怨不仅伤了自身，也会影响其他人的情绪，让不明真相的人心理产生波动，也会破坏工作的氛围。谁都不愿靠近牢骚满腹的人，怕自己也受到传染。抱怨除了让你丧失勇气和朋友，于事无补。

如果你还有时间进行抱怨，那么你就有时间把工作做得更好；如果你已觉得抱怨无济于事，你就应该去寻找克服困难、改变环境的办法；如果你认为抱怨是一种坏习惯，你就应该化抱怨为抱负，变怨气为志气。

　　娜娜35岁了，过着平静、舒适的中产阶层的家庭生活。但是，最近她突然连遭四重厄运的打击。丈夫在一次事故中丧生，留下两个小孩。没过多久，一个女儿被烤面包的油脂烫伤了脸，医生告诉她孩子脸上的伤疤终生难消，她为此伤透了心。她在一家小商店找了份工作，可没过多久，这家商店就关门倒闭了。丈夫给她留下一份小额保险，但是她耽误了最后一次保费的续交期，因此保险公司拒绝支付保费。

　　碰到一连串不幸事件后，娜娜近于绝望。她左思右想，为了自救，她决定再做一次努力，尽力拿到保险补偿。在此之前，她一直与保险公司的下级员工打交道。当她想面见经理时，一位多管闲事的接待员告诉她经理出去了。她站在办公室门口无所适从，就在这时，接待员离开了办公桌，机遇来了。她毫不犹豫地走进里面的办公室，结果，看见经理独自一人在那里。经理很有礼貌地问候了她。她受到了鼓励，沉着镇静地讲述了索赔时碰到的难题。经理派人取来她的档案，经过再三思索，决定应当以德为先，给予赔偿，虽然从法律上讲，公司没有承担赔偿的义务。工作人员按照经理的决定为她办了赔偿手续。之后，经理欣赏她的果敢，又给她安排了很好的工作，并且爱上了她。

　　厄运不会长久持续下去。所以当遭遇不幸，与其以消极抱怨的心态待之，不如以积极的心态去化解。要相信，终有一天会雨过天晴，而且大雨过后天更蓝。

世界是美丽的，世界也是有缺陷的。人生是美丽的，人生也是有缺陷的。因为美丽，才值得我们活一回；因为有缺陷，才需要我们弥补，需要我们有所作为。

一位伟人曾说："有所作为是生活中的最高境界。而抱怨则是无所作为，是逃避责任，是放弃义务，是自甘沉沦。"

不抱怨，不仅是一种平和的心态，更是一种非凡的气度。

不论我们遭遇到的是什么境况，光是喋喋不休地抱怨不已，都注定于事无补，只会把事情弄得更糟，而这绝不是我们的初衷。

没有人欣赏好抱怨的女人，就是因为这不是有出息的行为，真有志气、有出息的女人从来不会抱怨。恐怕没有女人愿意做一个没有志气、没有出息的女人吧？那么，就把所有应该的和不应该的抱怨都一齐抛弃，开动脑筋，甩开臂膀，与其抱怨不如改变！

苦水，只会越吐越多

倾诉，是缓解痛苦的一种方式，但不是解决痛苦的方式。一味地吐苦水，最终只会把自己淹没在苦水之中。

柔弱无助的女人总是会引起别人的同情及保护欲望，但凡事都应有个限度。反复重复自己的不幸，这样做就不像一个青春女人应有的柔韧，反而如同一个自怨自艾的老妇人。或者，更形象一点地说，像"祥林嫂"，不停诉说自己的不幸遭遇，得到的只是看客悲剧心理的满足、饭后的谈资以及别人对你的厌烦。

电视剧《好想好想谈恋爱》中有这样一段，女主人公谭艾琳和男朋友伍岳峰分手之后，巨大的伤痛让她几乎崩溃，她将自己所有的情绪都用来抱怨：

"你现在打死伍岳峰他也不会明白，其实最受损失的是他，而不是我。我是他生命中唯一的一次爱情机会，他错失了，他以后再也没有机会了，他以为他的天底下有几个谭艾琳？他真是有眼无珠，他以后只有哭的分儿了，这就叫过了这村就没这店了，他肠子都得悔青了。

有的男人对我来说重如泰山，有的轻如鸿毛。伍岳峰就是鸿毛。我像扔个酒瓶似的把他彻底打碎了，他根本不懂女人，离开他是我的幸运和解脱，他将永远处处碰壁，对，碰壁，碰得头破血流。而我经过历练，炉火纯青，笑到最后的是我。他完蛋了，他会一蹶不振，追悔莫及，太好了。"

诸如此类的抱怨她几乎如同潮水一样地倾倒给自己所有的朋友，直到有一天，朋友实在忍受不住自己的抱怨："你已经唠叨了一个星期了。说实话我听得已经有点儿头晕耳鸣了，再听下去我会疯掉的。"于是，在之后的日子中，她与同样失恋的男人章月明一起倾诉自己的不幸，在章月明的不断抱怨中，谭艾琳自己渐渐开始沉默，直到有一天她也听够了大喊道："别说了，太无聊了，一个男人或一个女人一辈子愤怒的是爱情、谩骂的是爱情、得意的是爱情、沮丧的还是爱情，一辈子就忙活爱情吗？你别再跟我唠叨了，我受够了。别人没有义务承担你感情的后果，这是你应该自己解决的问题，你爱一个人就是愿打愿挨的事，没有人逼你，知道吗？敢做就得敢当。"

相信很多人小时候都有这样的经历：在跌跌撞撞地学走路时，无数次跌倒。孩子对于疼痛是无法忍耐的，跌倒时每个孩子都会失声痛哭。如果这时你的父母匆忙赶过来，将你抱起，焦虑地检查你身上的伤口，宠溺地哄劝，本来已经声势渐竭的抽噎，又重新鼓足了力量。因为父母的悉心呵护让我们觉得更加委屈，不自觉地软弱，用哭声向父母撒娇。但如果父母只是轻轻走过，对你说声："站起来。"我们的委屈也没有了什么理由，也会重新步子走路。

我们已经不再是小孩子了，早就该消除这种孩子气。别把自己的苦水吐尽，向别人撒娇，让自己的失意不断扩散。

自认倒霉的女人总是会倒霉

"福无双降，祸不单行"，越是倒霉的时候，越容易遇上更多的倒霉事，其实都是自己的心理在作祟。越是把"倒霉"二字挂在嘴边的女人，越不容易走出倒霉的怪圈。因为倒霉的女人思考问题总是朝负面、消极的方向去想，这也就为下一步的倒霉铺好了道路。就好比我们心情不好的时候更容易跟人吵架，更容易看孩子不顺眼一样，这样一来事情肯定会越做越砸。

大结局的时候正好遇上停电；天天带着伞，只要一天没带就下雨；电脑一死机总会丢失重要文件；上班赶时间却总是遇到红灯；面包掉到地上总是有奶酪的那面着地；银行排队好不容易轮到自己了却刚好下班，闲置了很久的东西决定丢掉，可刚一丢掉就又要用到；没自己姿色好的女人都嫁了好男人，自家的那个却没什么本事；别人家的孩子样样都好，而自己的孩子却哪门功课都不理想……

还有更糟糕的：好不容易跟别人学了炒股，没想到刚入市就碰上股市大跌；看着房子在涨价就赶紧买了房子准备投资，没想到刚买不久房价却跌了；把钱都存在银行里吧，结果出现了负利率，存钱反而赔钱了；孩子生了病住院花了不少钱准备去保险公司理赔，结果又碰上不明条款人家不赔。发生这样的事实在让人郁闷？可也没办法，只能自认倒霉了，谁让咱运气不好呢？

一时间，倒霉的事情接踵而来，仿佛天底下的倒霉都落在自己一个人身上了。

不少女人都会发出这样的感叹，倒霉的事情就像一个恶性循环，不断地找上门来。这是老天爷在跟我们开玩笑，还是真的"倒霉事都让我承包了"？

现代心理学家发现，坏事总是比好事更能引起我们的兴趣，更能使我们无法忘怀，于是我们就更容易记住那些不愉快的经历，从而发出"喝口凉水都塞牙"的感慨。倒霉的人总是觉得自己倒霉，是因为他们看问题的方式和幸运的人不一样。

已经28岁的芬妮就是个倒霉的女人，遇到的男人都是铁公鸡一样一毛不拔，从没有为她花过一分钱。芬妮不是个贪心的女人，但男人请自己吃顿饭总可以的吧？可巧碰到了那么一个肯花钱为自己买东西的，却还是骗子，根本无心长期交往！

芬妮跟好友倾诉："真是倒霉啊！我怎么这么不顺，不能个个男人见了我都这样吧？我这一辈子没亏欠过任何人，连媒人见了面都会送她个小礼物，可有些媒人就是骗子！上次说介绍个老板给我，结果大饭店狂扫一顿都是我买单！是不是串通好了？真是倒八辈子霉了！"

刚说完自己情场不顺，芬妮又开始艳羡公司的两个女同事："人家命好啊，经理帮她们介绍了对象，有一对成了，有一个现在升职了，得宠得不得了。而我，也没得罪谁，可换了个经理就是跟我过不去，让他的小秘享受，却把我发配到环境恶劣的地方去工作。这个账我一定要算！"芬妮义愤填膺，"算那个经理倒霉，要是他不让我干了，那我把上辈子受的苦全发在他身上，我拼了老命也要把他从经理位子上拉下来！"

芬妮不仅自认倒霉，甚至还产生了报复心理，遇上这样的女人，谁的背脊不发凉。其实，从来没有谁比谁倒霉，也没有谁比谁幸运，任何事物都是相对的。像芬妮，为什么非要想着报复别人呢？为什么口口声声说自己倒霉呢？为什么不去主动努力工作获得别人认可，情场不得意是不是应该先检查一下自己性格或行事方式不太妥当？

其实，许多"倒霉事儿"都是因为自己的疏忽大意造成的，并非老天爷一定要和自己作对。如果平时经常进行一下电脑维护，清除垃圾并安装较安全的防病毒软件，就可以预防电脑死机、崩溃；抽空收拾屋子，暂时不用的东西可以用收纳盒收起来以防万一而不是随手扔掉；投资的时候不要光想能赚多少，而应该想到可能会赔多少，要有风险意识；买保险前把条款看清楚，不明白的地方一定要询问清楚，或者向身边有经验的朋友请教，省得出问题了处理起来麻烦；好孩子是夸出来的，应该多鼓励自己孩子，而不是考砸了就责备孩子。

不如意的事在所难免，但应该带着好心情去对待它。遇事不顺要积极去找原因以避免再次发生，而不是坐在那里悲天悯人，像个怨妇一样怨天怨地，那样不仅害了自己，连朋友都不敢再靠近你。所以，快为自己解开倒霉的魔咒，做个能给自己和别人带来快乐的幸福女神！

内心有阳光，世界就是光明的

一样的事情，可以选择不同的态度对待。选择积极的方面，并作出积极努力，就一定会看到前方的风景。

两个小桶一同被吊在井口上。

其中一个对另一个说："你看起来似乎闷闷不乐，有什么不愉快的事吗？"

另一个回答："我常在想，这真是一场徒劳，没什么意思。常常是这样，装得满满地上去，又空着下来。"

第一个小桶说："我倒不觉得如此。我一直这样想：我们空空地下来，装得满满地上去！"

很多事情，站在不同的立场，便有不同的看法，正面的想法产生积极的效果，负面的想法产生消极的效果。乐观的人，在每一个忧患中看到机会；悲观的人，在每一个机会中看到忧患。

普希金说，假如生活欺骗了你，不要忧郁，也不要愤慨。我们的心憧憬着未来，现实总是令人悲哀。一切都是暂时的，转瞬即逝，而那逝去的将变为可爱。

在曲折的人生路上，如果我们也能够承受所有的挫折和颠簸，化解与消释所有的困难与不幸，我们就能够活得更长久，我们的人生之旅就会更加顺畅、更加开阔。

发脾气无法让你变得安宁

如果我们的心中存在不满，就总想找地方发泄出去，而最为直接的发泄方式就是发脾气。很多人认为，发脾气是最好的发泄方式，因为如果事情一直憋在心里，很容易憋出病来。可是宣泄出去了，心里就得到了放松，情绪上也会趋向平稳了。可是这样的说法是错误的。因为我们每个人都是相互影响的，一个人的怒火在发脾气中得到了释放，那么必定会有其他人受了这种不良情绪的影响，身心都受到了委屈。如果每个人都选择用发脾气的方式来宣泄自己，那么这个世界恐怕再无和平与安宁了。

心理学上有一个"踢猫效应"的故事：

一公司老板因急于赶时间去公司，结果闯了两个红灯，被警察扣了驾驶执照。他感到十分沮丧和愤怒。他抱怨说："今天活该倒霉！"

到了办公室，他把秘书叫进来问道："我给你的那五封信打好了没有？"

她回答说："没有。我……"

老板立刻火冒三丈，指责秘书说："不要找任何借口！我要你赶快打好这些信。如果你办不到，我就交给别人，虽然你在这儿干了3年，但并不表示你将终生受雇！"

秘书用力关上老板的门出来，抱怨说："真是糟透了！3年来，我一直尽力做好这份工作，经常加班加点，现在就因为我无法同时做好两件事，就恐吓要辞退我。岂有此理！"

秘书回家后仍然在发怒。她进了屋，看到8岁的孩子正躺着看电视，短裤上破了一个大洞。在极其愤怒之下，她嚷道："我告诉你多少次了，放学回家不要去瞎疯，你就是不听。现在你给我回房间去，晚饭也别吃了。以后3个星期内不准你看电视！"

8岁的儿子一边走出客厅一边说："真是莫名其妙！妈妈也不给我机会解释到底发生了什么事，就冲我发火。"就在这时，他的猫走到面前。小孩狠狠地踢了猫一脚，骂道："给我滚出去！你这只该死的臭猫！"

从这个故事中我们看出：本来是一个人的愤怒，可是经过了多番的传递，最后竟然将怒气转嫁到了猫的身上。这只猫没有办法像人类一样发泄自己的不满，否则这样的情绪传递估计就没有尽头了。所以，在面对自己的不良情绪时，要尽可能地想办法控制，而不是直接发泄出去。

当然，这里说的"控制"，不是说让你有什么事情都不说，有什么委屈都不去反抗，而是将大事化小，小事化无。试想，我们每天都会面对很多人，经历很多事情，如果别人不小心踩了自己一下，或者等公车的时候被撞到了头，就觉得受到了莫大的委屈，之后就要发脾气去怒火，那不是太不值得了吗？

既然我们每个人都能影响别人和受别人影响，那么我们何不放下心中的怒火，给别人一片安宁呢？这样，我们从别人那里得到的，也将是一种安宁。

对不能改变的事情"微微一笑"

"山重水复疑无路，柳暗花明又一村"，这句中国名诗道出了一个深刻的道理：人生的车辙永远向前，人们应该向前看，这样才能寻找到光明的希望。

命运中总是充满了不可捉摸的变数，如果它给我们带来了快乐，我们很容易接受，但事情却往往并非如此；有时，它带给我们的会是可怕的灾难，这时如果我们不能学会接受它，而让灾难主宰了我们的心灵，生活就会永远地失去阳光。学会接受不可避免的事实，这样我们才能从不幸的阴影中摆脱，聪明的人都应清楚地认识这一点。

卡耐基曾在纽约市中心的一座办公大楼电梯里，遇到一位男士，他的左臂由腕骨处切除了。卡耐基问他伤残是否会令他烦恼，他说："噢？我已很少想起它了。我还未婚，所以只有在穿针引线时觉得不便。"

从这位男士的回答中我们可看出，人在不得已时几乎可以接受任何状况，调整自己，适度遗忘，而且速度惊人。

荷兰阿姆斯特丹有一座15世纪的教堂遗迹，有这样一句让人过目不忘的题词："事必如此，别无选择。"

在我们的有生之年，我们所经历的很多遭遇，它们是不可逃避的。为此，我们所能做出的唯一选择就是接受不可避免的事实做自我调整，抗拒不但可能毁了自己的生活，而且也许会使自己精神崩溃。显然，决定能否给我们快乐的不是所处的环境，而是我们对事情的反应。

有消息说，Twins在她们的唱片公司培训得最多的不是舞技，不是唱功，而是微笑。公司要她们不管遇到什么情况，都要在一秒钟内恢复笑脸，她们必须全天保持微笑。时刻微笑着，是Twins始终能够得到歌迷喜爱的法宝，她们脸上的甜美微笑为她们赢得了巨额的财富，也给她们带来了巨大的成功。

著名主持人吴小莉，有着一张与众不同的笑嘴，嘴角略微往上翘，她曾说过："我希望我的生活是不断快乐的积累。"她的梦想天天都在实现。我们从她甜蜜的微笑中看到她的快乐积累，她的笑嘴在向我们娓娓道来她事业如日中天的秘诀。我们在羡慕她的好运时，有没有想过她脸上的甜美微笑呢？

微笑的女人是快乐的，也是幸福的。每天甜美微笑的女人才是最美的女人。她用平静的眼光观察世界，用平常的心情感受万物，用平正的思维考虑问题。喜从天降时，她不会手舞足蹈；厄运来临时，她不会捶首顿足；取得成绩时，她不会得意忘形；面对挫折时，她不会一蹶不振；生活优裕时，她不会不可一世；处于困境时，她不会垂头丧气；宾朋满座时，她不会趾高气扬；门庭冷落时，她不会怨天尤人。面对一切，她只是微微一笑。只要坚强，我们都能度过灾难与悲剧，并且战胜它。也许我们察觉不到，但是我们内心都有更强的力量帮助我们度过。我们都比自己想象的更坚强。

"事必如此，别无选择"，不少名人志士都很重视这一道理。英王乔治五世在白金汉宫的图书室就挂着一句话："请教导我不要凭空妄想，或作无谓的怨叹。"显然，叹息和伤感都是无用功，事实已经发生，我们为何不调整心态，微微一笑，然后勇敢面对当下。对那些无力改变的事实，停止过多的忧郁和抱怨吧，用微笑的心态面对那些你没有办法改变的事情，你会发现更多当下的美好！

与真实的自己握手言和

保持自己的个性

　　世界上所有珍贵的东西，都是不可仿制的，是绝无仅有的。女性大家族中的你，也是这个世界上独一无二的。

　　成功女性往往都具有独特的个性，无论是着装打扮、言谈举止，还是思维方式、处世风格，都与众不同。正是因为有了这许许多多的"不同"，才孕育出了她们不同凡响的成功。因此，每个想要成功的女性，都应该坚守自己的个性，保持自己的本色。

　　"保持本色的问题，像历史一样的古老，"詹姆斯·高登·季尔基博士说，"也像人生一样的普遍。"不愿意保持本色，即是很多精神和心理问题的潜在原因。安吉罗·帕屈在幼儿教育方面，曾写过13本书和数以千计的文章，他说："没有比那些想做其他人和除他自己以外其他东西的人更痛苦的了。"在个人成功的经验之中，保持自我的本色及以自身的创造性去赢得一个新天地，是有意义的。你和我都有这样的能力，所以我们不应再浪费任何一秒钟，去忧虑我们不是其他人这一点。

　　你是独一无二的，你应该为这一点而庆幸，应该尽量利用大自然所赋予你的一切。归根结底，所有的艺术都带着一些自传色彩，你只能唱你自己的歌，你只能画你自己的画，你只能做一个由你的经验、你的环境和你的家庭所造就的你。不论情况怎样，你都是在创造一个自己的小花园；不论情况怎样，你都得在生命的交响乐中，演奏你自己的小乐器；不论情况怎样，你都要在生命的沙漠上数清自己已走过的脚印。

玛丽·玛格丽特·麦克布蕾刚刚进入广播界的时候，想做一个爱尔兰喜剧演员，结果失败了。后来她发挥了的自己长处，成为纽约最受欢迎的广播明星。

著名影星索菲亚·罗兰第一次踏入电影圈试镜头时，摄影师抱怨她那异乎寻常的容貌，认为她的颧骨、鼻子太突出，嘴也太大，应当先去整容再试镜头。她却说："我不打算削平颧骨、换个鼻子和嘴巴，尽管你们摄影师不喜欢灯光照在我脸上的样子。要解决这个问题，不是我去整容，而是你们要好好琢磨琢磨应当怎样给我拍照。我认为，如果我看上去与众不同，这是件好事。我的脸长得不漂亮，但长得很有特色。"

这就是自信自爱、特立独行。

在每一个女人的成长过程中，她一定会在某个时候发现，羡慕是无知的。不论好坏，你都必须保持本色。个性是一笔财富，一个可爱的个性，会让你一辈子受益无穷。

你可以把巩俐、张惠妹当作心中的偶像，可以惊叹杨澜、张璨创造的惊人财富，但你千万不可妄自菲薄，从心中小视了自己，尽管自己存在着这样那样的缺陷。或许你的形象不及巩俐的美丽，或许你的财富和杨澜比起来显得微不足道，但你大可不必自惭形秽，你的勤奋刻苦、你的自强不息，谁又能否认这是你人生的一大亮点呢？

有一句老话叫"尺有所短，寸有所长"，是很有道理的。她有她的优势，你有你的长处，没有必要拿自己和她去对照，更没有必要通过有意对比给自己造成某种压力。唐代大诗人李白曾说"天生我材必有用"，既然如此，人家是块金子能闪闪发光、灿烂夺目，你是块煤炭也熊熊燃烧、温暖世界。

释放自我，本色生活

莎士比亚说："你是独一无二的，这是最大的赞美。"女人，可以没有西施般倾国倾城的美貌，但你不能失去追寻浪漫的心。这颗浪漫的心告诉你，你就是你自己，你的本色就是你独一无二的美丽。在这个"她时代"，女人都在高呼"生得漂亮不如活得漂亮"。活得漂亮，就是活出一种精神、一种品位、一份至情至性的精彩。良好的教养、丰富的阅历、优雅的举止、宽广的胸襟，以及一颗博爱的心灵，一定可以让女人活得越来越漂亮。

要想活出自己的浪漫，怎能做他人的"副本"？在这个百花争放的"她时代"花园里，你要坚守自己的个性，不盲从她人的美丽，从灵魂深入去认知自己，尽情地释放你的勇敢、你的美丽、你的沁人芬芳。你要坚信，你就是这个人生花园中的一朵奇葩，你有着独一无二的美丽，世界因为你的存在而分外美丽。

看一看杨二车那姆吧，她活出了自己的美丽，并在人们的心中留下了深刻的杨二车那姆式"烙印"。一提到杨二车那姆，人们都会对她啧啧称奇："她太有个性了！""她的味道很独特！""她真不简单！"的确，这个不平凡的摩梭女性的身上，鲜明地体现了"活力、社交、自由、出走、追求……"等这些动感十足的词汇，总之，她真是太有自己的一套了。

那姆唱歌之余笔耕不辍，《走出女儿国》、《中国红遇见挪威蓝》、《你也可以》、《长得漂亮不如活得漂亮》等作品不仅感染了许多中国女人的心，还被译成多国文字，冲击着国外女性的浪漫心灵。杨二车那姆这样评说自己："在常人眼里我长得不算漂亮，但自认活得漂亮；我的这张嘴虽然不够性感，但吃过世上的山珍海味，也吃过人间最多的辛苦；我的这双眼睛虽然不算漂亮，但让我看过了人间各种美景和各种辛酸艰苦！"

"我的性格注定了我的命运只能这样，我喜欢在路上的感觉，我喜欢转换不同的角色，喜欢尝试各种事情，只要我想，我就要去做，没有什么东西可以拦住我！"14岁那年，一支采风队"采"中了她和另外三个女孩，到县里参加歌唱比赛。杨二车那姆的人生由此翻开新的篇章。她抱着唱歌的梦想，独自走进了城市，走进了上海音乐学院，走进了北京中央民族歌舞团，走进了美国东西海岸和世界各地。她这只"中国的夜莺"，用她不可思议的甜美嗓音，向世界宣言她独特的美丽。

生活中的那姆随性自然。她会随意将牛仔和T恤套在身上，买了很重的东西就那样拎着回去，一点不顾形象，却是活力充沛。她性格直爽，会和装修房子的工人大吵一顿，随后又若无其事给人家买水果，很体贴很乖巧，没把谁当外人。那姆会去花市，捡几朵花瓣回家放进大盆子，纯粹只为不花钱地美一美。工作中，杨二车那姆可以一套黑色公主服，一条白金项链，一头长发，素面朝天地去了。社交宴会上，杨二车那姆又可以着一袭华丽的印度长裙，用东方文化武装自己，大大方方、不卑不亢地表现出她最光亮的地方，轻松夺得晚会上风头最劲的美女子。

"活出漂亮的自己"——正是这种想法让杨二车那姆一直发掘自己的特质，坚持自己率真的个性，成了一个从头到脚洋溢着神奇魅力的女子。

每个女人都拥有自己独特的美，要善于挖掘你这份独一无二的美丽，让它通过你的言谈举止，你的衣着打扮，感染她人的灵魂。浪漫的女人，就是要敢于做本色的自己，在生活的道路上一路高歌热舞，活出漂亮的自我来！

留一些时间给自己

现在生活节奏在不断地加快，人们每日的生活被安排得满满的，甚至会为工作忙碌到深夜。每天忙碌的是工作，谈论的是工作，几乎没有任何的个人闲暇时间，更何况说有什么娱乐活动呢？生活是丰富多彩的，而我们却只顾低头赶路！

曾经有一个都市白领在日记中这样写道："前几天，遇到一个好久不见的朋友，聊天的时候，他问了我这样一句话：'你是怎么休假的？'面对这个极其普通的问题，我竟半天答不上来。后来，静下心来仔细想想，我最大的苦恼，就是很难找到真正属于自己的时间。一周五天，一天八个小时，工作时间的紧张繁忙自不必说，连准时下班对我来说都是一种奢侈，因为多半时候到了下班时间无法结束工作。"

生活中需要一些时刻属于我们自己。巴尔扎克说过，躬身自问和沉思默想能够充实我们的头脑。生活中，我们需要为自己找出一段完全属于自己的时间，和自己的心灵对话，体味生命的意义。有人问古希腊大学问家安提司泰尼："你从哲学中获得什么呢？"他回答说："同自己谈话的能力。"同自己谈话，就是发现自己，发现另一个更加真实的自己。

很多时候我们的内心常为外物所遮蔽掩饰，从而无暇去聆听自己内心最真实的声音。于是，我们总是在冥冥之中希望有一个天底下最了解自己的人，能够在大千世界中坐下来静静倾听自己心灵的诉说，能够在熙来攘往的人群中为我们开辟一方心灵的净土。可芸芸众生，"万般心事付瑶琴，弦断有谁听？"余伯牙与仲子期的这样挚深的友谊似乎都成了可望而不可即的奢望。知己是难寻，不过友情也是需要经营的，我们却忽视了，所以我们孤单。

　　其实很多时候我们就是自己最好的知音，世界上还有谁能比自己更了解自己？还有谁能比自己更能替自己保守秘密呢？因此，当你烦躁、无聊的时候，不妨给自己一点时间，和自己的心灵认真地对话，让心灵退入自己的灵魂中，静下心来聆听自己心灵的声音，问问自己：我为何烦恼？为何不快？满意这样的生活吗？我的待人处世错在哪里？我是不是还要追求工作上的成就？我要的是自己现在这个样子吗？生命如果这样走完，我会不会有遗憾？我让生活压垮或埋没了没有？人生至此，我得到了什么、失落了什么？我还想追求什么……

　　在自己的天地里，你可以毫无顾忌地"得意"，可以慢慢修复自己受伤的尊严，也可以坦诚地剖析自己，告诉自己什么样的生活是适合自己的，在与自己的对话中，让心灵放松，找到最适合自己的生活方式。

　　当你的生活变得干涸乏味时，当你的内心觉得需要审视自己时，女人该为自己留出一点时间，与自己独处，试着安静下来认真倾听内心最真实的声音。这种倾听可以让我们从生活的繁忙中抽身出来，让我们再度体验自己生命甘泉的甜美。

发现你的潜能，别给自己留遗憾

潜能犹如一座待开发的金矿，蕴藏无穷，价值无限。每一个二十几岁的女人都有一座巨大的潜能金矿。奥里森·马登："我们大多数人的体内都潜伏着巨大的才能，但这种潜能酣睡着，一旦被激发，便能做出惊人的事业来。"

但是，为什么大多数年轻女人不能拥有丰富的知识，获得成功的人生呢？

答案是：潜在的巨大能量没有得到有效的开发和利用。

被称为20世纪最发达的大脑的拥有者爱因斯坦，终究也不过仅仅使用了自身能力的10％！人类的大脑是世界上最复杂、也是效率最高的信息处理系统。别看它的重量只有1400克左右，其中却包含着100多亿个神经元。在这些神经元的周围还有1000多亿个胶质细胞。人脑的存储量大得惊人，在从出生到老年的漫长岁月中，我们的大脑每秒钟足以记录1000个信息单位。著名的苏联学者兼作家伊凡·业夫里莫夫指出："一旦科学的发展能够更深入了解大脑的构造和功能，人类将会为储存在脑内的巨大能力所震惊。人类平常只发挥了极小部分的大脑功能，如果能够发挥一半的大脑功能，将轻易地学会40种语言、背诵整本百科全书、拿12个博士学位。"

可见，每个人的身上都蕴藏着巨大的潜能，这些潜能对人生价值的实现起着举足轻重的作用。只要我们有效地开发自身的潜能，不但可以实现人生的种种愿望，甚至可以创造出令人惊讶的奇迹。

你是不是经常因为一点点小挫折就从心里否定自己，暗自沮丧，丧失了继续前行与奋斗的勇气？如果真是如此，你应该及时改变这种消极的心态，你的潜能宝藏还未被你挖掘出来，你的能力与才华也并未得到正确而充分的展示。

潜能是上天放在我们每个人心中的"巨人"，千万别因为在现实中遇到困难就对自己失去信心，赶快唤醒你心中的"巨人"吧。

1. 每天暗示自己"你做得很好"

想成功的你，要每天在心中念诵自励的暗示宣言，并牢记成功心法：你要有强烈的成功欲望、无坚不摧的自信心。如果你使精神与行动一致的话，一种神奇的宇宙力量将会替你打开宝库之门。

二十几岁的时候，如果在你的潜意识中你是一个幸福的女人，你会不断地在内心的"荧屏"上见到一个充满信心、锐意进取的自我，听到"你做得很好，你会做得更好"这一类的鼓舞信息；然后感受到喜悦、兴奋与力量——而你在现实生活中便会"注定"成功。

2. 将你的精神标语写下来

将你的精神标语写下来，例如"我一定可以完成这个项目"、"我现在感到很幸福"。明晰的标语能使你的目标清晰明朗，这是光凭记忆做不到的。

每天念诵两次你的精神标语：一次在刚醒来的时候，一次在临睡之前——这两段时间是你潜意识活动比较弱，最容易与潜意识沟通的时段。

在念诵的时候，你要贯注感情，并且想象你成功的样子。

3. 使用积极和正面的言辞

在我们的潜意识中，积极的信念会比消极的自我暗示更容易产生影响力。譬如，你心里很害怕时，如果你说"没有什么可怕的"会比"好恐怖，怎么办呢"这样的话语更有镇静作用。

4. 构想成功后的自我

伟大的人生始自你心里的想象，即你希望做什么事、成为什么人。二十几岁的女人都有自己的梦想，在你心里的远方，应该稳定地放置一幅自己的画像，然后向前移动并与之吻合。如果你替自己画一幅失败的画像，那么，你必将远离胜利；相反，替自己画一幅胜利的画像，你与成功即可不期而遇。

5. 给自己制造"适量"的压力

我们知道有"狗急跳墙""背水一战"的说法，因为在面对险恶绝望的环境时，无论动物还是人，出于求生的本能都易于激发自己的潜能，从而创造令人匪夷所思的奇迹。

明白了潜能激发的道理，我们就可以给自己制造"适量"的压力，例如"在下班之前我务必要拜访5个客户"、"3个小时之内把所有工作完成"，等等。只要这种压力在你的承受范围之内，你就可能开发出无穷无尽的潜能，并能创造性地完成任务。

6.挑战一次自己的极限

二十几岁的时候，多尝试做一些自己从来没做过的事情，例如当众做一次激情洋溢的演讲，参加一次马拉松长跑比赛……抛弃小姑娘一样的羞涩。大自然赐给每个人巨大的潜能，但由于没有进行各种智力训练，每个人的潜能似乎都未得到淋漓尽致的发挥。而在寻求极限体验的过程中，随着"极限时刻"的来临，你的潜能会一次又一次被激发出来，你会感到：自身的力量是无限的。

别做消耗式的人生规划

刚刚走出校园的女人，不要让最灿烂的青春年华白白浪费在无谓的忙碌中，在明确规划自己人生目标的时候，千万不要做消耗式的人生规划，这样会让自己得不偿失。

什么是消耗式的人生规划呢？就是为自己设定了很多高远的目标，并且都投入了精力。消耗式的人生规划忽略了人的局限性——我们的精力和时间都是有限的。

在此，向大家提一个问题：一个人的一生有多少天？10万天还是20万天？实际上一个一百岁的老人一生也就3万来天。这其中还包括睡眠和休闲以及其他不能用在实现目标上的时间。而我们的精力也是有限的，人人都想做超人，但超人只存在于童话世界之中。所以，消耗式的人生规划到头来还是会让你一事无成。

如果你想成功，就要学会使用"凸透镜"，把自己的精力集中在一点上。这是由平凡变为不平凡的卓越法则。

软件银行总裁孙正义20岁出头到美国留学，为了节省开支，他决定不再花家里的钱，而是自己挣生活费。为了兼顾学习和工作，规定自己一天中学习以外的时间——5分钟是可以随意安排的。他想在专利上有所建树，一年下来，他居然创造出了250多个小发明，从中了解了不少电子产品的研发知识。

人的生命和精力都是有限的，但是人生发展的可能性却是无限的。所以，要清醒地告诫自己：不要做消耗式的人生规划。不能每件事都只做一半，就畏难、畏烦而放弃；也不应该没有规划，看到什么有利的条件，就去追逐，最终什么都做不好。一旦我们树立了一个人生目标，就要集中所有的力量去实现它。我们不能把有限的力量分散在许多问题上，每个问题都去解决，最终可能连一个都解决不了。女人掌握了这个原则，就能离开困难的泥沼，打造属于自己的花样年华。

做一只迎风起舞的铿锵玫瑰

别看比尔·盖茨富可敌国，别看妮可·基德曼艳光四射，任何人都是时间的产物，荣华可以无限，时间却有限；生命虽然有限，精彩却可以无限。

算一算我们的时间，一天24小时，你有多少时间留给自己？

人补充能量的时间竟是工作时间的一半———一生中要在饭桌上度过6年。

长嘴就要说话，人一生用于交谈的时间需要2年。

看电视已是当代生活的一部分了。且不说那些整天泡在电视机前的人，仅从每晚的"新闻联播"开始计算，至正常的就寝时间止，人一生就要在电视机前度过2128天（昼夜），约6年……

人的一生中，有1/3的时间要用来睡觉，1/3的时间用来做其他的事情，真正用来工作的只有1/3的时间。

有的女人崇尚悠闲，安于"散漫"，三三两两聚在一起能聊个天昏地暗，有什么不顺心的事能一个人郁闷好几天，刚准备读读书、看看报，一个电话打来，就兴高采烈地随老友逛街吃烤串去了。这就是大部分女人的生活，读书时还能有点奋斗热情，如争取奖学金等；越到后来，女人的兴趣似乎越发广泛，爱情、路边小摊、娱乐八卦都日益成为她们兴趣的重心，并取代了原先"出人头地"的愿望，成为个人生活的"主流"了。

此时的女人，释放着"十年寒窗"之中苦苦压抑的激情，愉快忘我地享受着青春耀眼的阳光。她们开心地笑，放肆地哭，是天底下最幸福、最快乐、最自在的人。她们不必思考未来，只考虑现在；她们不用忧虑前程，只享受今朝。这时候，女人的快乐恐怕连仙女也艳羡不已吧！人生难得如此从容自得，本是值得庆贺的事情。但是"生于忧患，死于安乐"，女人在生命的黄金时段不是提升自我，而是享乐"放纵"，一旦"美人迟暮"，又没有"救世主"救你于"水火"之中，未来风云难料的岁月中，你是否有足够的准备能够走得下去？

年轻时正是奋斗学习、积累自身实力的时期，否则年纪大了再来吃苦，就是"自造孽"。

世界上最宝贵的是时间，最被人轻视的也是时间。时间是有限的，构成了我们的生命，负载着我们所拥有的一切。但是我们在年轻的时候，却总以为自己有用不完的时间，于是毫不怜惜地蹉跎岁月，挥霍着光阴，多么可悲！

女人，你还以为你有大把的时间可以挥霍吗？如果上帝没有赐予你傲人的姿色、出色的才能、高贵的出身，但是请你相信，上天给了你公平的时间。

积极地投身生活，你没有下一个轮回，你只有现世。别等走到生命的尽头才遗憾自己的生命并未"燃烧"，"人生能有几回搏"，让我们尽情释放自己，做一朵风雨中迎风起舞的"铿锵玫瑰"！

以感性惊天下，以性感惊世人

女人可以不漂亮，但不能不性感

性感是一种状态，一种气质，一种表达。

女人可以不漂亮，但不能不性感。脸蛋是天生的，性感却是可以后天修炼的。当女人外貌的鲜艳随着年岁而逐渐淡去时，还能用什么来留住她心爱的人？成功的女人告诉我们她的秘诀——来自举手投足间的性感和女人味。女人更应该懂得感受和珍爱自我给予的馈赠，爱自己的心灵、身体……并让它们焕发出恒久的光彩。

男人是注重感官的，喜欢性感的女人。一直以来，性感的女人被喻为一朵欲望之花，能够迷惑男人的眼睛。在任何场合，性感女人都会散发出耀眼的光芒。不同的女人有不同的味道，很多男人认为性感女人是最有女人味的。

说到性感，会使人想起感性这个词。性感和感性就好像一对孪生姐妹，如影随形。一个感性的女人，无论是在凝神静思还是侃侃而谈，她的一举手一投足，都是那么细腻和充满感染力。一个很简单的例子，假如你不是个外表充满野性的女人，那么涵养一份内心的野性，也会让别人觉得你充满刺激乃至有种神秘感。而所谓的内心的野性，可以是爱冒险、爱尝试新事物、好幻想及随时为了实践梦想而豁出去。

性感在不同的女性身上，散发出不同的味道，产生不一样的效果。女人的性感是烙在骨子里的。女人真正的性感并不局限于女人的外表，比如相貌是否妖媚迷人，衣着是否风情撩人。女人性感的本质是一种发自内心的活力，这种活力彰显着女人丰富的内心，令男人情不自禁地遐想连篇。千万不要误认为穿得越少越性感，女人不应该把妖媚和性感当做荣耀，男人的"回头率"也不是她们作为女人的资本。如果某个女人在街上穿得过于暴露，人们免不了对她品头论足，尤其是一些在职场里身居要职的女人更是公众目光的焦点，她们应该清楚，"职场"和性感永远都不可能友好携手，上班时穿得太暴露是一种缺乏教养的表现。总之，女人追求性感千万不要采取媚俗的方式。

据性心理学研究，男人心目中的性感，除了发自女性的性特征和自信心、懂幽默、爱浪漫、刺激及冒险外，神秘也是性感的一种元素。电影史上被称为性感的明星如玛丽莲·梦露、碧姬·芭铎等，哪个没有深不可测的神秘眼神？女人在自己喜欢的男人面前，千万别尽情流露、肆意表现，要给对方留有揣摩与想象的空间。所谓"犹抱琵琶半遮面"，若隐若现、若有若无，留有余韵也是玩神秘感的一种手段，总之，就是不要完全满足对方的好奇心。现代的性感早已超越视觉、身材或是暴露多少的范围，如花灿烂的笑靥、天真或带媚态的眼波、沉溺于思考或想象时忧郁而出神的神态，都是内敛的性感。

现在，越来越多的现代女性都只为自己而不是为讨好男人而性感。正如今天的女性爱好打扮只为"自我感觉良好"，不是为"悦己者"容，而是为"悦己"容。何况，性感本身就是每个女人都有的天赋条件。女性刚醒来时的一对惺忪睡眼、喝酒后的微醉与一脸绯红何尝不性感？故性感无须刻意追求，性感原本就是上帝烙在女人骨子里的性磁力。女人只需自信地彰显自己，你的性感别人自然而然就会感受到了。

一脸娇羞胜过无数情话

时尚，似乎总与羞涩为敌。吊带裙、露脐装，裸肩露背、大胆奔放。

羞涩，成了现代女性最为缺乏的元素之一。

羞涩，是人类文明进步的产物。然而社会越发展，女人反而越来越不懂得羞涩了。其实，暴露只能唤起肉欲，而性格气质的性感，才是性感的最高境界。

娇羞曾是女人独特的美丽，是一种青春的闪光、感情的信号，是被异性撩动了心弦的一种外在表现，是传递情波的一种特殊语言。当心仪的他出现眼前，女人内心深处的一颗心不由自主地悸动，红晕爬上了青春美丽的脸庞，似一种无声的诱惑语言，撩动了男人内心的爱情之弦。当女人知道了羞涩对男人的魅惑力，便学会了在脸庞涂抹淡淡的红色胭脂，似一抹羞涩的红云，男人看在眼里，心里愈发荡起层层的涟漪。

许多时候，女人一脸的娇羞反而胜过了无数的情话，让男人的心怦怦跳动。娇羞的女人，在男人的眼中有一种别样的魅力，令他们魂牵梦萦，欲罢不能。有男人爱煞女人一脸娇羞的表情，曾写诗赞道："姑娘，你那娇羞的脸使我动心，那两片绯红的云显示了你爱我的纯真。"就连著名诗人徐志摩都写诗赞叹道："最是那一低头的温柔，像一朵水莲花，不胜凉风的娇羞。"知名作家老舍先生也以为："女子的心在羞耻上运用着一大半，一个女子的脸红胜过一大片话。"

韩剧《星梦奇缘》中，男主角江民之所以爱上女主角涟漪，正是源于她时时流露出的娇羞女儿姿态，让他内心腾升出一股想要拥她入怀、终生呵护她的欲望。娇羞的涟漪，尽管她也深深地爱着江民，但她总不敢像时下的热情奔放型女人一般，大胆将内心的爱意说出口，总是将那份深深的爱埋藏心底。她和江民相处了那么久，只有唯一的一次告白，那是在相思之苦的煎熬下，才让一句"你知道我有多想你吗"脱口而出，让江民为之动容。虽然涟漪不擅长用言词表达自己的爱意，但她含情的眼神、绯红的脸颊和温柔的笑容，却在默默地向江民袒露心迹，告诉这个优秀的男人她有多爱他。

娇羞朦胧，魅力无穷。娇羞犹如披在女人身上的神秘轻纱，增添了一种迷离朦胧的美感，这是一种含蓄的美，是一种蕴藉的柔情。温柔似水是大多数女人的天性，纯真善良是女人应有的品质，而娇羞正是二者的结合与体现。娇羞的女人是春天的草，想探头，却似露非露；娇羞的女人是清晨的雾，朦朦胧胧，似古时的女子掩袖遮那颊上的彩云；娇羞的女人是山中的泉，清凉心间；娇羞的女人是一缕风，柔柔拂面，情不自禁伸手去抓。娇羞的目光清澈如皎洁的月光，娇羞的潮红明艳如含露的花瓣，娇羞的语言含蓄委婉地传递女人的兰心蕙质。

娇羞的女人，美在含蓄，美在执意，美在精致，美在柔情，美在朦胧，这样的美，是自然的美，是内心最最真实的心境美。只有这样朦胧的美丽，才能牵扯着他的魂魄，让他日思夜想，惦记在心的中央。

适度撒娇的女人惹人疼

作为一个女人，最能使男人动心的迷人之处，莫过于在男人面前表现出来的娇弱和妩媚。撒娇是女人的特权。女人只需将头依偎在男人胸前娇滴滴地喃喃几声，男人就恨不得为你赴汤蹈火、摘星取月。情理上，男人都喜欢女人撒娇。而热恋中的男人，尤其喜欢女人撒娇。

聪明的女人很明白男人对女人撒娇又爱又怕的弱点，所以撒娇也就成为她们左右男人的最大本钱。在普通女人的意识中，撒娇是没有技术含量的，是最简单的撩拨男人的方式。其实不然，撒娇有它独有的特点。没有哪个男人不会在深谙撒娇之道的女子面前败下阵来。当然，一个愚蠢的女人，会不分时间、地点处处撒娇时时撒娇，这时的男人也就只有郁闷到极点了，因为在外人眼中，他的女友太做作。

杰在热恋时，因为新鲜，对自己女友的撒娇水平赞不绝口，总说自己简直要在女友的娇媚中幸福死，每次谈到女友撒娇时便两眼放光。但是久而久之，一来女朋友的撒娇方式和技术总没有长进和改变，二来女朋友撒娇总是不看地点和场合，弄得他很没有面子，下不了台。时间一长，杰笑称自己都得了"撒娇恐惧症"，一听到女朋友撒娇就心惊胆战。

所以说，撒娇一样地需要计谋和技巧。不是撅起嘴、把声音变细、做点弱智的表情和肢体动作就算是撒娇了。撒娇同样也是一种气质，不是胡乱做作一番就可以征服男人的。至少不要为了一件衣服，在商场柜台前，当着营业员小姐对男友撒娇；至少不要为了一个苹果，在公婆家里，当着丈夫的父母撒娇。总而言之，撒娇的时候你要考虑一下，不但要让男人心花怒放，还得注意你身边的男人是不是能在面子上挂得住。

工作中的撒娇，要选准对象，见人行事。对男同事，自不必费太大心机，普通撒娇便能省去不少体力兼解决技术性问题的工夫；对女同事，则需施点儿小巧，适当示弱自是聪明女人的不二法则。

夫妻（情侣）中的撒娇，就不能有功利心、工于心计，否则会功亏一篑。要记住，对于相爱的人来说，真心和自然才是最重要的。

具有情调的女人最可爱

"女人不是因为美丽而可爱，而是因为可爱而美丽。"这话不无道理。什么样的女人才可爱？具有浪漫情调的女人最可爱。浪漫情调是一种美丽的象征，它是女人的天性。因为浪漫，女人把爱她的男人带向海边去感受大自然，这远比到服装店去包装自己的躯壳更有意境；因为浪漫，女人从工薪中抽取部分钱去音乐厅接受"大弦、小弦"的陶冶，这远比把成堆的时间耗在"追星"上高雅得多；因为浪漫，女人用自己的主观感受美，又把自己变成美的客观存在的化身。

具有浪漫情调的女人通常胸怀比较豁达，不会和别的女人斤斤计较鸡毛蒜皮的小事，她们会把自己的眼光放在远处，对未来的生活充满美好的憧憬和期待。尽管她们知道未来与现实相距十万八千里，但她们并不悲观，在自我精神获得满足的前提下，女人还会把很多乐趣带给周围的人，让周围的人在她的感染下也充满浪漫情调。伴于她周围的人，也因此会感受到她——一个女人因为可爱而显得如此的美丽。

现代人的生活大都很忙碌，生活的压力使得每个人或多或少都感觉有些郁闷，一个喜欢浪漫并善于制造浪漫气氛的女子，不仅会使她的容貌变得非常迷人，而且也能使年龄的鸿沟在人们的概念中不知不觉地减到最浅，从而缔造出美丽的情愫来，使得女人豁达起来。一个外表美丽的女人固然能让人动容，但一个情调浪漫的女人则能用她的浪漫影响他人，这才是最出色的动人的美。

我们的生活可以很平淡，很简单，但是不可以缺少情趣。一个兰心蕙质的灵巧女孩，必定懂得从生活的点滴琐碎中采撷出五彩缤纷的情趣。

小张是一个大三的穷学生。一个男生喜欢她，同时也喜欢另一个家境很好的女生。在他眼里，她们都很优秀，他不知道应该选谁做妻子。有一次，他到小张家玩，她的房间非常简陋，没什么像样的家具。但当他走到窗前时，发现窗台上放了一瓶花——瓶子只是一个普通的水杯，花是在田野里采来的野花。就在那一瞬，他下定了决心，选择小张作为自己的终身伴侣。促使他下这个决心的理由很简单，小张虽然穷，却是个懂得如何生活的人，将来无论他们遇到什么困难，他相信她都不会失去对生活的信心。

小王是个普通的职员，过着很平淡的日子。她常和同事说笑："如果我将来有了钱……"同事以为她一定会说买房子买车子，而她的回答是："我就每天买一束鲜花回家！"不是她现在买不起，而是觉得按她目前的收入，到花店买花有些奢侈。有一天她走过人行天桥，看见一个乡下人在卖花，他身边的塑料桶里放着好几把康乃馨，她不由得停了下来。这些花一把才开价5元钱，如果是在花店，起码要15元，她毫不犹豫地掏钱买了一把。这把从天桥上买回来的康乃馨，在她的精心呵护下开了一个月。每隔两三天，她就为花换一次水，再放一粒维生素C，据说这样可以让鲜花开放的时间更长一些。每当她和孩子一起做这一切的时候，都觉得特别开心。

生活中还有很多像小张、小王这样懂得生活情调的女人，她们懂得在平凡的生活细节中拣拾生活的情趣。亨利·梭罗说过："我们来到这个世上，就有理由享受生活的乐趣。"当然，享受生活并不需要太多的物质支持，因为无论是穷人还是富人，他们在对幸福的感受方面并没有很大的区别，我们可以通过摄影、收藏、从事业余爱好等途径培养生活情趣。卡耐基说过，生活的艺术可以用许多方法表现出来。没有任何东西可以不屑一顾，没有任何一件小事可以被忽略。一次家庭聚会，一件普通得再也不能普通的家务都可以为我们的生活带来无穷的乐趣与活力。

女人不"坏"，男人不爱

人们常说"男人不坏，女人不爱"，这其实是有一定道理的。女人之所以喜欢"坏"男人是有很多原因的："坏"男人先天具有幽默的本领；"坏"男人行为举止新潮潇洒；"坏"男人表达爱坦率直白；"坏"男人善于标新立异，有很多浪漫情怀……随着社会发展的日新月异，这句话同样可以用在女人身上：女人不"坏"，男人不爱！

在生活中，乖乖的贤良女人总是精心地对待男人，把自己的男人当成是自己的整个世界。她温和平淡，这样就让男人产生比较安全的感觉，没有刺激感，没有新鲜感，生活没有激情。而"坏"女人正好相反，她可以时刻保持清醒的头脑，聪明地把握与男人相处的度，她依恋男人，但也想着法子"折磨"男人、"逗"男人，欲擒故纵，欲语还休。"坏"女人让男人捉摸不透，总保持新鲜刺激的感觉，最终他会觉得，他的生活不能没有你。做个"坏"女人不是一件难事，可做个既让男人心仪也放心的"坏"女人可不是一件简单的事，这是需要一定的修养和品位的。

做这样的"坏"女人，首先要本性善良，不积小怨，拿得起、放得下，不与人纠缠不休；其次要有一种"爱我当然好，不爱亦为好"的精神，骨子里透着一份洒脱与大气；最后就是要成熟、独立、带点挑衅、内敛又妖娆、含蓄又张扬，把那种或健康或优雅或奔放的性感贯穿到生活的每个细节里，知道什么是收、什么是放，也深谙职场、情场的游戏规则，不会为难对手，更不会为难自己，有时还可以转换自己的性别，像男人那样玩，却像女人那样赢，聪明而有韵味。

所以在我们的现实生活中，要想相处得和谐温馨，女人们就该变得聪明些，恋男人也"炼"男人。不能一味地宠着、顺着、大包大揽，贤惠是应该有度的。让男人感觉到温暖的同时还保持着新鲜感和内疚感，欣然接受但心存感激，努力回报，这需要一个女人的聪明与智慧。

　　电影《我的野蛮女友》里全智贤饰演的野蛮女友尽管野蛮粗暴，却以自己的方式驯服了车太贤饰演的牵牛，让他即使面对情敌，也能忍住内心的痛楚，建议情敌记住和她相处的10大规则："第一，不要叫她温柔；第二，不要让她喝3杯以上，否则她会见人就打；在咖啡馆里要喝咖啡，不要叫可乐或者橙汁；如果她打你，那么你要装得很痛，如果真的很痛，那么也要装得无所谓的样子；在你们认识的第100天，一定要去她班上当众送她一支玫瑰，她会很喜欢；你一定要会剑道、打壁球……另外，还要随时有蹲监狱的思想准备。如果她说要杀了你，那么不要当真，这样你会好受一点；如果她的鞋子穿着不舒服，一定要和她换鞋穿——最后，她喜欢写东西，要好好地鼓励她……"

　　"从现在开始，你只许疼我一个人，要宠我，不能骗我；答应我的每一件事都要做到，对我讲的每一句话都要真心；不许欺负我、骂我，要相信我；别人欺负我，你要在第一时间出来帮我；我开心了，你就要陪着我开心，我不开心了，你就要哄我开心；永远都要觉得我是最漂亮的，梦里也要见到我，在你的心里面只有我。"

《河东狮吼》里的张柏芝饰演的柳月虹在新婚的第一天，就给古天乐饰演的丈夫陈季常定下了这样一个男人的"三从四德"。正是柳月虹的霸道，将陈季常驯服，在家里，柳月虹说一，陈季常绝不敢说二。

女人谁不想成为下一个"野蛮女友"或柳月虹，而自己的恋人就是又一个牵牛或又一个陈季常。女人，抛弃那些"以夫为纲"的陈谷子烂芝麻思想吧，学会驯化男人这种动物。如果他是一只风筝，那你就要牢牢拽住风筝线，将他牢牢掌控在你的掌心。有时候，你只需要花一点小心思，就能将这只雄鹰收服，乖乖地待在你的身边，听任你的调遣。

1.给他多一点儿挑战

渴望着得不到的东西，是人类的天性，而对于单身男人来说，这种诱惑特别强烈。女人，面对自己心仪的男人，与其在那儿自怜自艾地怀疑着："他喜欢我吗？他觉得我怎么样？他到底看上我什么？"还不如在脑子里盘算："跟这个家伙在一起，对我有什么好处？"适当有一点傲气，给男人一点挑战感，才会让他对你倍感珍惜。

2.树立自己的威信

在爱情中，女人总是默默无闻地付出的时代已经远去了，"她时代"的女人，爱他就要告诉他，告诉他你为这段爱情奉献了些什么。

3."独自去偷欢"

天天黏一起容易让他"审美疲劳",偶尔也要给自己放几天,"独自去偷欢",给他思念你的机会,制造"小别胜新婚"的浪漫感。

4.时不时赞美他一下

时不时地赞美他,尤其是在他的朋友和同事面前,要流露出一副幸福小女人状。即便在两人世界里你就是个对他吆五喝六的野蛮女友,在旁人面前也对他言听计从,你在人前给足他面子,他自然会在人后给足你"里子"。

5.经常鞭策他

经常鞭策他,要让他明白生活的艰辛和肩上的重任,进而发奋图强、勇于拼搏。需要注意的是,鞭策不等于抱怨,更不要动不动就拿他和隔壁的钻石王老五相比,要顾及他的自尊心。

6.偶尔耍耍小性子

女人是用来宠的,你需要持之以恒地给他灌输这一理念,在一起久了,生活日趋平淡,你不妨偶尔对他耍点小性子,比如故意告诉他你要加班,让他晚上9点来你公司楼下接你,或者缠着他陪你一起看韩剧。

女人,别再抱怨别人的男友怎样温柔体贴,你的男友如何粗心自大,你需要明白,好男人的"好"都是女人驯服出来的。女人,从现在开始,用你的心、你的魅力,化为教鞭,驯服你的男友。

做个"疯"情万种的女人

再循规蹈矩的女人心底对"疯"都有或多或少的向往，涂银色唇膏、把头发喷个幻彩、穿透明装、吹声口哨，甚至点支烟、骂几句粗话。更有甚者，还和别的男人打打情、骂骂俏。

"疯"女人的确更能让男人的目光在她身上滞留。她们有多变的装束，她们藐视所谓的妇道。"疯"女人把男人喜新厌旧的心思琢磨透了，但她们自己也是如此的"精明"。

够韵味的女人，才具有最真实的风情。风情不同于性感，风情女人来自神，性感女人来自形；风情女人富于情调与韵致，性感女人多于性与肉感。

国内外许多时尚杂志的封面，几乎千篇一律都是美人像。有的颇觉一般，形象并不漂亮，眼神很空洞，只是穿着比较时尚；有的虽堪称绝代佳人，但形神之间，总感觉缺了点什么，只是美，却少了撩人的情韵，难以给人深刻的震撼；有的虽长相平平，但细品之下，顿觉她女人味十足，让人过目不忘，一招一式皆风情。

女人的风情最多来源于她的眼睛，有的女人有一双明亮的大眼睛，可读她的瞳仁，有的却像结束的电视屏幕，里面什么也没有，让人读不出她内心的风景。这样的大眼睛，只是造物主捏造出来的美

第六章

以感性惊天下，以性感惊世人

133

丽，而且是否真正美丽，还大有疑问。有风情韵味的眼睛绝对是耐看、耐读的，它是心灵的传感器，让阅读者产生心灵感应。它的忽闪萌动着生命，其神韵类似伦勃朗肖像画笔下的光，闪烁而灵动。

一个好演员的眼神里必是写满风情的，导演称之为"眼睛里有戏"。戏台上的人生是百变的，好演员的眼里更需要有百变的风情。日常生活当然不同于舞台人生，生活中需要的风情眼，应该是至诚、至真、至纯的。善于把内心的风景通过眼波与流盼倾泻出来，会让人感到女人的可爱，让女人娇嗔毕现。

女人的风情并不完全在于她标致的身段。有着苗条的好身材，长腿、硕胸、蜂腰，并自诩为性感迷人，走起路来婀娜多姿，但仍难以评上高分。因为她走的"猫步"虽然很标准，但在肢体语言上，总感觉少了点儿风情；论"三围"她或许达标，但那些徒有外表的"硬条件"，只能说明她有些性感而已。它们只是机械地陈列，僵硬地拼凑，缺乏灵性，没有韵致，类似对毕加索线条的拙劣模仿。相反，有些女人即使不是模特出身，但其形体风情显山露水，走起路来风情顿起，让人感到是一幅移动的画，如清风扑面，如婷婷玉莲，怎么看都秀色可餐、光彩照人。

风情是十分微妙的，它是不可言明的。风情是附在女人身上的精灵，无色无香，令人捉摸不透。也许它是一股"气"——女人气，既可以藏匿，也可以外泄。一藏一露之间，方得女人之佳妙；一敛一放之间，方显女人之妩媚。风情女人端庄、典雅，韵味无穷、风情万种。

第七章

岁月静静流淌，你要做的是从容前行

让昨日止于昨夜，活在今天

很多女人喜欢抓住过去不放，总是活在过去里，对往事缅怀。尤其是面对一个没有适应的新环境时，总沉浸在过去的场景或事情里，而迟迟不愿接受一个新的生活。对于过去发生的事情，我们无能为力。至于未来，它还没有发生，我们对于它的一切不过是想象。智慧的女人总是让昨日止于昨夜，牢牢地抓住此刻。因为只有抓住此刻，珍惜眼前的生活，努力把握当下，方为明智之举。

进入一个新的学校，新生往往会不自觉地与以前相对比，而当困难和挫折发生时，产生"回归心理"更是一种普遍的心理状态。淑娟在新学校中缺少安全感，不管是与人相处方面，还是自尊、自信方面，这使她长期处于一种怀旧、留恋过去的心理状态中，如果不去正视目前的困境，就会更加难以适应新的生活环境、建立新的自信。

不能尽快适应新环境，就会导致过分的怀旧。过分的怀旧行为将阻碍着你去适应新的环境，使你很难与时代同步。回忆是属于过去岁月的，一个人应该不断进步。我们要试着走出过去的回忆，不管它是悲还是喜，不能让回忆干扰我们今天的生活。

一个人适当怀旧是正常的，也是必要的，但是因为怀旧而否认现在和将来，就会陷入病态。不要总是表现出对现状很不满意的样子，更不要因此过于沉溺在对过去的追忆中。当你不厌其烦地重复述说往事，述说着过去如何如何时，你可能忽略了今天正在经历的体验。把过多的时间放在追忆上，会或多或少地影响你的正常生活。

年轻的时候，玛丽比较贪心，什么都追求最好的，拼了命想抓住每一个机会。有一段时间，她手上同时拥有十三个广播节目，每天忙得昏天暗地，她形容自己："简直累得跟狗一样!"尽管她要承受繁重的工作压力，但她也在享受工作带来的辉煌成就与名利双收的喜悦。

突然这间，"灾难"仿佛从天而降，她独资经营的传播公司被恶性倒账四五千万美元，交往了七年的男友和她分手……一连串的打击直奔她而来，就在极度痛苦的时候，她的脑海中甚至产生了自杀的念头。

玛丽一度陷入崩溃之中，她觉得自己再也无法像以前那拥有事业上的成功，再也找不到那个如此英俊而体贴的男友了。她在家里整日以泪洗面，为已经失去的事业和爱情痛苦不已。被这种悲伤的情绪压抑得透不过气来，无奈之下，她向一位朋友哭诉着："如此大的打击，让我们如何面对以后的生活？"

朋友反问她："如果你把公司关掉，你知道自己还能做什么?"

玛丽沉吟片刻后回答: "既然过去的都过去了，我又回到一无所有，就只能先找一份工作养活自己。"

朋友笑着回答: "这才对嘛。既然失去已经失去，就让昨日的痛苦也结束在昨天。事业和爱情都可以重新开始的。"

过去的再美好抑或再悲伤，那毕竟已经因为岁月的流逝而沉淀。如果我们总是因为昨天而错过今天，那么在不远的将来，你又会回忆着今天的错过。在这样的恶性循环中，你永远是一个迟到的人。我们需要做的是从现在开始，寻找一个最佳的结合点，从这个点上做起。

回到从前不过是一次心灵的谎言，也是对现在的一种不负责的敷衍。淡定的女人总是清醒的把握住今天，不在过去的回忆中痛苦挣扎，也不会提前透支明天的烦恼，这样才能感受到生活的美好和幸福。

为自己的心灵"留白"

每个女人都希望自己能成功，过得幸福，生活一帆风顺，然而生活却有重重压力：追求的失落，奋斗的挫折，情感的伤害，等等，都让女性的心灵背上了重重的负荷。

面对压力，要想获得平和的心，不至于摧残自己的成就感，有一个最重要的方法，那就是注意为自己的心灵留下适当的空白，使自己的内心保持一定的空间。

南希·戴维斯·里根，美国前总统罗纳德·里根的妻子。里根于1981年至1989年担任美国第40任总统。

她在白宫的影响力和作用远比今天一般人所想象的要大。原白宫办公厅副主任、被认为是南希的亲信迪弗曾这么说过："在某些事情上，即使她没有表明自己的观点，白宫的官员们也会事先揣度一下夫人将持何种态度，然后方能安心行事。"事实的确如此，从一开始，南希就显示了她在白宫不同寻常的影响力。

表面上，南希显得对政治不感兴趣，但伴随丈夫露面却表明事实恰恰相反：从一开始，她就在幕后寻找一些对路的关系。在拉斯维加斯，她就交上了一群被叫做"女孩儿们"的富婆，经常和她们一起吃饭，赞助慈善活动。她们的男人，其中有石油大亨、车商，带来了金钱和影响力，通过他们来左右政治。

虽然南希并不是特别的聪明，因为在多数的社交场合和协助丈夫的政务处理上，她并不能和谐、灵活地应付诸种情况，以致于众多美国民众与新闻媒体对这位第40任美国第一夫人未表示出过多的好感，甚至有些极为负面的评价。民众尤其不满她"协助"总统过多参政。

但是，南希却知道如何在适当的场合保持沉默，虽然她极为在意公众对她的切实看法。但是在批评与非议中，她依旧以第一夫人的仪态较为完整地站在了民众面前。

在拍摄工作变为纪录片期间，南希无法进行每个本能的表达。制片人华伦·斯泰伯说："她的行为举止总像在镜头前，总是准备好的，总是按照剧本，总是像在扮演角色。"

南希虽然曾因为过多地干政，招致很多负面的评价，但她却是一个很会调整自己的人，因此，在批评与非议中，她依旧能保持第一夫人的仪态站在民众面前。

生活中，每个女人都应该学会调整自己，让自己的心灵有休息的时刻。在这个过程中你可以将头脑中忧虑、不安、沉重、憎恶等不良情绪"清空"，取而代之的是愉悦、安定、轻松、满足的心境。

成功学大师卡耐基曾在拉赖因号轮船上举办过一场演讲会。他在演讲中说道，"当你感觉到内心有压力和烦恼时，不妨走到船尾去，把烦恼的事一一说出，然后把它们抛掷到汪洋大海中，注视着它直到它消逝不见。"这个建议乍听起来仿佛有一点荒诞和幼稚，但是当晚却有一个人跑来对他说："我按照你的话去做了，结果觉得心中非常舒畅，这实在是件令人吃惊的事呀！"这人还继续说道："待在船上的这段时间里，我将天天在日落的时刻，把一切恼人的烦忧抛入大海，直到自己觉得完全没有一丝烦恼为止。同时我将日日注视着这些烦恼消失于时间的大海里！"

的确，女人很多时候因为忙碌，因为各种事情的困扰，没有自己的时间，没有给自己与心灵对话的时间。我们的时间被一个叫做"忙碌"的东西所占用，到头来却发现自己需要的东西一个都没有得到，而实际上生活需要一些宁静，自己的心灵需要定期的清空，需要我们将生活那些烦恼都倒出去，新鲜的，带有活力的内容才可以填充进来，否则，我们的生活将是一团糟，烦躁、抑郁接踵而来。

女人要学会为自己的心灵"留白"，比如找个时间，让自己的心灵完全静下来，静静地去听一首喜欢的音乐，安静的，或者大笑或者大哭着看完一场电影，简简单单地去野外欣赏大自然的美景，或者只是安安静静地坐着，什么都不想，都不做，又或者周末去除所有忙碌，一个人给自己煮一壶咖啡，惬意地坐在窗前晒着太阳。这样的日子会让自己心情非常的愉悦，我们不必很功利地为了学英语去看外文电影，或者为了学习某些东西去看一些书，只是很简单的，很享受地信手拈来一本自己喜欢的书，很随意地翻看着。

女人需要这样的安静，可以清空内心的烦恼和忧虑，使我们从压力中解脱出来，当然，仅使心灵空白还是不够的，必须加进一些内容才可，因为人的心灵不能永远呈现空白而毫无内涵，否则，曾经丢弃的消极想法极有可能又会重新回到你的思想之中。因此，我们必须在心灵呈现空白的同时，立即注入富含创造性、健康性的想法。

这样一来，那些负面的想法就无法再对你造成任何影响。久而久之，那些重新注入脑中的新想法将在你的思想中生长，而且能击退任何负面的想法。那时你的心灵将远离压力的困扰，永葆平和。这样的心境正是每一位成功女性需要的。

拥有"欣赏自我"的淡定心

面对纷繁的世间万物，很多东西是值得我们欣赏和自豪的。单就人与人之间来说，我们多习惯于欣赏别人，学习别人，常常自觉或不自觉、有心或违心地为别人而鼓掌和呐喊。我们很少或者从来没有欣赏过自己。

尤其是对女人来说，似乎永远对自己的身材不满意，但这也反证了一个道理：你梦寐以求的好身材并不等同于快乐！其实，只要你转过身，就会发现美丽一直都在你身上。学会欣赏自己，发现自己的美，你一定会更快乐！

一位叫斯达利的青年，从小在收容院里长大，身材矮小，长相也不漂亮，说话又带着浓厚的法国乡下口音，所以他一直很瞧不起自己，认为自己是一个又丑又笨的乡巴佬，连最普通的工作都不敢去应聘。

斯达利三十岁生日那天，他一个人站在河边发呆，不知道自己还有没有活下去的必要。就在他正犹豫生死选择时，他的好朋友约翰兴冲冲地跑来对他说："斯达利，告诉你一个好消息！我刚刚从收音机里听到一则消息，拿破仑曾经丢失一个孙子。据播音员描述的相貌特征，那人与你丝毫不差！"

"真的吗？我竟然是拿破仑的孙子？"斯达利一下子精神大振。联想到爷爷曾经以矮小的身材在战场上指挥着千军万马，用带着泥土芳香的法语发出威严的命令，他顿时感觉自己矮小的身材同样充满力量，讲话时的法国乡下口音也带着几分高贵和威严。

第二天一大早，斯达利便满怀自信地来到一家大公司应聘。

二十年过去了，斯达利已成为一家公司总裁，当然他已经知道自己并不是拿破仑的孙子，但这早已不重要了。

后来，在一次知名企业家的讲座上，曾有人向斯达利提出一个问题："作为一名成功人士，您认为，在成功的诸多前提中，最重要的是什么？"

斯达利没有直接回答问题，而是讲了这个故事。然后他才说："接纳自己，欣赏自己，将所有的自卑全都抛到九霄云外。我认为，这就是成功最重要的前提！"

我们也许曾埋怨过自己的出身不够高贵，我们也许曾叹惋过自己人生中的坎坷。可是扪心自问，我们到底有没有真正正视过自己？其实，对于一个生活的强者而言，所有的一切不过是外在的表象，而非成功的必然前提，你又何必为此而斤斤计较！学会接纳自己、欣赏自己，我们才会感受到命运的公正无私，从而淡定面对人生。

我们都行走于大千世界，芸芸众生之中。尽管别人比我们走得姿态好看些、步子迈得矫健些。但是，我们也一样有着一份优势、一份自信。比如，我们有珍爱的家人、挚爱的亲朋、信奉的理想、恪守的底线等，这些荣耀也是我们值得骄傲、值得欣赏的资本。

一个人首先应该学会欣赏自己。卡耐基说过一段耐人寻味的话："发现你自己，你就是你。记住，地球上没有和你一样的人……在这个世界上，你是一种独特的存在。你只能以自己的方式歌唱，只能以自己的方式绘画。你是你的经验、你的环境、你的遗传造就的你。不论好坏与否，你只能耕耘自己的小园地；无论好坏与否，你只能在生命的乐章中奏出自己的发音符。"

罗慕洛是一名著名的职业外交家，先后服务于8位菲律宾总统。他在上大学的时候就机智过人，能言善辩，但由于身材矮小，参加公众活动常常遭到同学们的嘲笑，甚至歧视。

有一次，学校组织演讲比赛，他成功通过了初赛。在决赛的时候，他最后一个上台演讲。 当他信心满满地走上演讲台的时候，却发现演讲台的桌子几乎和他的头差不多高，台下一片哄笑。

原来，组委会的一个同学和他一起参加初赛，却被口才不凡的罗慕洛淘汰出局，这个同学怀恨在心，特意准备了一张高桌子，想让罗慕洛出丑。

面对大家的嘲笑，罗慕洛并没有生气，他先是不慌不忙环顾了一下四周，然后转身走向观众席，朝第一排的一名观众深深地一鞠躬，真诚地说道："这位同学，我能不能借你的椅子用一下？"

不知所以的这位同学，看到罗慕洛如此真诚，就把自己的椅子递给了他。

这时，罗慕洛接过这把椅子放到演讲台前，然后站在椅子上，从容地开始演讲。

台下立刻鸦雀无声，罗慕洛放弃了精心准备好的演讲稿，即兴发表演讲，口若悬河、思如泉涌。他自信的姿态和精彩的演说深深地折服了所有的观众，台下不时发出雷鸣般的掌声。

后来，罗慕洛凭借自己在演讲和思辨等方面的出色才华，成为菲律宾外交部长，代表国家一次次出现在国际政治舞台上。

罗慕洛面对同学的嘲笑，并没有沮丧，而是淡定从容地处理了让自己尴尬的场面，从而用自己的实力赢得了观众的认可。他自我欣赏的淡定心态是我们每一个人都应该学习的。

淡定的女人总是充分地自我接纳，懂得欣赏自己，于是，她们有良好的自我感觉，也就有了自信地与人交往，出色地发挥自己的才能和潜力。假如一个女人不懂得欣赏自己、接纳自己，老是以怀疑的、否定的态度看待自己，就不可能活出自己的风采来，怎会具有个性之美？

欣赏自己也是一门艺术，淡定的女人不仅善于欣赏自己，更重要的是能够让别人也欣赏自己。所以，女人必须用一颗平常心看待自己，在自我欣赏中不断充实自己，完善自己，提高自己，这样才能有资格欣赏别人，才能等到别人欣赏自己的那一天。

当然，欣赏自己决不是夜郎自大、唯我独尊，更不是自以为是，不可一世。真正懂得欣赏自我的女人会认可他人所拥有的值得骄傲的东西，从而自觉地去博采众长，补充自我，完善自我，然后再不断地丰富和拥有更多更好的值得自己骄傲的资本，形成欣赏自己的淡定之心。

保持心态平静，戒骄戒躁

焦躁不安是现代女人所共有的一个通病，她们动辄就抱怨生活寂寞，工作单调无聊。因而，追求内心的宁静几乎成为所有女人获得幸福的一个标准。可是，现代社会的许多人却害怕寂寞，往往借热闹来麻痹自己。滚滚红尘中，已经很少有人能够固守一方清静，更多的人脚步匆匆，奔向人声鼎沸的地方。殊不知，热闹之后更加寂寞。我辈如能保持平静的心态，将是祛除浮躁的最有效手段。

生命的本身是宁静的，只有内心不为外物所惑，不为环境所扰，才能做到像陶渊明那样身在闹市而无车马之喧，正所谓"心远地自偏"。心态平静的女人遇事不骄不躁，不急不怒，能让人仔细分析所处困境，理清思路，找出解决办法，顺利渡过难关。

人们都希望自己的生活中能够多一些快乐，少一些痛苦；多些顺利，少些挫折，可是命运却似乎总爱捉弄人、折磨人，总是给人以更多的失落、痛苦和挫折。逆境中的微笑可以让人心平气和，不急不躁，能使人冷静分析所处的困境，从而找出解决问题的方法，找到突破口，顺利渡过难关。

小雅和琳琳同时被一家化妆品公司聘为销售员，同为新人，两人对工作的态度却大相径庭：小雅踏实工作，虚心请教，不投机取巧。每天都跟在销售前辈身后，留心学习别人的销售技巧，学习化妆要点与美容知识，积极向顾客介绍适合不同肤色的化妆品，没有顾客的时候她就坐在一边研究看些化妆色彩与服饰搭配的书。

琳琳则觉得做一名销售员没有前途，也不知道什么时候能混出人样。于是，她把心思放在了如何讨好领导上，经常在领导面前说些奉承的话，或者表现出自己是多么努力工作。其实，她总是掐算好时间，每当领导进门时，她都会装模作样地拿起某款化妆品琢磨，实则她的注意力跟随着领导的身影，领导一离开，她就和同事聊天。

一年过去了，小雅潜心业务、不停提升终于得到回报，不仅在新人中销售业绩遥遥领先，在整个公司的业务中也名列前茅，得到了老板的特别关注，并在年底顺利地被提升为销售顾问。而琳琳却因为没有把公关特长用在工作上，出不了业绩，甚至好几个月业绩不达标，濒临淘汰，部门领导也因此冷淡了他。琳琳在公司的地位岌岌可危，不久便被迫离开了。

小雅和琳琳面对同样的工作，所表出的态度完全不同，其结果也相差甚远。小雅用一颗平静的心踏实工作，不争不夺，却得到了晋升；琳琳的心是浮躁的，不愿忍受工作的辛苦，企图以投机取巧的方式为自己争得名利，结果却因没有任何业绩而失业了。

其实，做表面功夫是很累的，而且很容易被揭穿。你在表面表演忙碌的时候其实是很累的，其劳动强度不啻实际做些工作。因此，你与其把大部分时间放在精心策划的忙碌表演上面，还不如真真正正地做点事情呢。与其辛苦表面功夫最后却换来竹篮打水一场空的结果，倒不如一开始就端正态度，沉住气，扎扎实实做事，这样你在为公司创造业绩的同时，自己的能力与价值也得到了提升，今后要想谋求大的发展也就相对容易多了。

我们无论在工作还是生活当中，都应该静下心来深入钻研，"见人所不能见，思人所不能思"，其结果也必然能成人所不能成之功。古人说："如何三万六千日，不放心身静片时？"保持心灵平静，便能以慈悲、开放的心面对生活的挑战，并以从容、宽广的态度，看待所生存的世界。

一个现代学生和一个宋朝书生在梦中碰了面，宋朝书生问他："你来自一千年后的中国，想必是十分快乐的了。"

现代学生说："恰好相反，我的心情很是焦躁，生活中有太多限制了。"

宋朝书生问他："此话怎讲？"

现代学生说："我去市中心参加同学的生日晚宴，可是坐车得花两个小时；我想当'三好学生'，可是同学们都不选我；周末我想和爸爸妈妈到风景区游玩，结果人多得像蚂蚁一样，让我寸步难行，你说生活在这样的环境里，还有什么快乐？"

宋朝书生听完他的诉说，言道："我不曾吃过什么宴会，每天吃点母亲做的饭菜，觉得很可口。我不争什么名誉，平时和朋友下下棋，输了喝几杯酒，也很快乐。我晚上点一盏灯，读几本书，睡觉了就把灯熄掉。我也不去什么风景区，我家周围的稻田、小桥就是很好的风景。我不知道你为什么有那么多的欲望。人的欲望是无穷无尽的，你有再丰盛的晚宴、再美的风景区，总有吃腻看腻玩腻的时候，你的快乐无非是建立在吃喝、争斗之上，如果没有这些，你该怎么办呢？所以你不快乐的真正原因，不是外界的限制，而是你内心对外界的依赖。"

现代学生说："可是别的同学都是这样，我不这样行吗？"

宋朝书生说："那在你这个躯壳里的，是别人的心，还是你自己的心呢？"

现代学生恍然大悟："原来这个世界之所以不宁静，只是因为我们自己的心平静不下来，真是'致虚极，守静笃'啊……"

的确，我们总是埋怨这个社会太浮躁，其实是我们无法保持心态的平静。我们都向往内心安宁，却常常遇到无法释怀的事情。世人在竞争中变得焦虑，在纷乱中变得急躁，在贫穷中变得卑微。

外界环境总是在飞速变化，一个女人无论脚步多么矫健，也走不出环境布下的局，让我们做一个心态平和的女人，不论外面的世界是阴云密布还是阳光灿烂，都让我们时时刻刻保持平静。

如果没有观众，就为自己鼓掌

每个女人都想在自己的舞台上演绎出辉煌的人生，总希望收尽所有人的掌声，被众人簇拥于鲜花之中。但我们只是一个平凡的小女子，身上没有耀眼的光环，生活中甚至没有人为自己呐喊助威。就算没有观众又如何？淡定的女人会自我激励，为自己鼓掌。

为了迎接六一儿童节的到来，某市举办了一次儿童才艺展示活动。家长们带着孩子来到现场，当自家的孩子在舞台表演结束时，无论表演得是否出色，那个孩子的家长总会先鼓掌，接着台下观众们便会跟着鼓掌，顿时响起一阵阵热烈的掌声。

当一个小女孩跳完一支舞时，台下并没有立即响起热烈的掌声。只见小女孩伸出小手，自己鼓起掌来。台下观众看到这一刻一下笑了起来。有一个评委觉得很奇怪，就问她："孩子，你为什么自己鼓掌呢？"

小女孩天真地回答道："妈妈有事没到现场，我来的时候她告诉我，如果没有观众为我加油，我可以为自己鼓掌。"听完小女孩的话，台下响起一阵经久不息的掌声。

的确，既然没有人为我加油，我们为什么不能为自己加油。就算没有人鼓掌，我也不会轻视自己，可以自己鼓掌啊。如果没有人为你呐喊，你可以为自己呐喊。让我们可以当自己的观众，为自己助威。

失败并不可怕，可怕的是自己沮丧的心境，就算没有观众，也要坚持到底，自己为自己鼓掌。淡定的女人要学会为自己鼓掌，给自己力量，做自己喜欢的事情，为每一次的成功而感到骄傲。

女孩18岁那年，从小就喜爱音乐和舞蹈的她，如愿以偿进入了大学艺术系，攻读声乐专业。父母是普通工人，家境自然不宽裕。学习期间，她总是尽可能多地兼职，自食其力，以减轻家庭负担。

大学毕业前夕，有一天，她拖着疲惫的身子回到宿舍时，已是晚上11点多钟了，舍友们还在兴高采烈地叽叽喳喳。一打听，原来，一个同学探听到一家电视台对外公开招聘气象节目主持人，正在撺掇大家去报名应聘呢!

谁知，那个同学记错了面试时间，当她和同学赶到电视台时，面试已经结束了，考官正在收拾东西，准备离开。"完了，完了。"几个同学急得直跺脚，一个个脸上露出失落绝望的神情。

但女孩坚信的是，如果没有观众，就自己鼓掌，凡事一定要争取。

不知从哪里来的勇气，她一个箭步冲上去，女孩把主考官堵在电梯门口。"请给我们一个面试的机会，也许，我们就是最合适的人选!"她言辞恳切，神情充满自信。

考官们一下子愣住了。在与她对视了足足半分钟后，决定破例给她们一次机会。结果，凭着清纯可人的外形气质、出色超人的自身素质和机敏过人的临场表现，她脱颖而出，最终被电视台录用了。

她没有想到，绝望之际凭着给自己鼓掌的勇气，以及自己大胆得有点出格的举动，竟然开启了人生的一个希望之门。

一年后，她毅然辞去在省电视台这个已经有点成绩的主持人工作，决定"北漂"，去寻找一片更广阔的飞翔天空。

那是一段清苦、艰辛且看不清未来的"全漂"生活:偌大的北京，没有她的地方，在一个极其闭塞的社区，蹭着一个转了多少道弯的朋友的空房子，但即便是在这样生存状态极其恶劣，对未来充满绝望的日子，她还是没有放弃心中的梦想，咬紧牙关，坚持参加中国传媒大学的专业培训。她在潜心等待着一个属于自己的机会。

机会终于来了，中国气象局华风声像技术中心招聘气象主持人，她兴奋地跳了起来。但同学看后，沮丧地说:高兴什么呀，人家规定应聘者必须持有北京户口，你怎么去?她却不以为然，说，只要我们有真本事，他们是不会拒之门外的吧?去试试看，或许就是个机会呢!她再一次为自己鼓掌打气。

抱着试一试的想法，她拨通了招聘处的电话。对方说:在这么多不符合招聘条件的应聘者中，你是第一个没有放弃和退却的人，我们接受你的报名。凭着扎实过硬的主持功底，她最终胜出，被录用了。

她，又一次凭着为自己鼓掌的勇气和心态敲开了成功的希望之门。

她就是王蓝一，中央电视台一套"天气预报"节目主持人。她用自己的亲身实践证明了:如果没有观众，就为自己鼓掌。

在每一个女孩的成长路上，都会遇到障碍与险阻，甚至会有别人无情的冷潮热讽，四处投来的不屑的目光，我们要坚定地为自己鼓掌，给自己前进的力量，然后永往直前地走下去，活出自己的风采来，把自己证明给别人看。

2006年的超级女声的主题歌这样唱道："想唱就唱呀，唱得响亮，就算是没有人为我鼓掌，但是我还能够勇敢的自我欣赏!"这首歌唱出了多少青春女孩的心声。是呀，在每个人的生命之歌里，自己才是自己最忠实的观众。让我们"想唱就唱"为自己鼓掌，为自己加油，朝着自己的梦想奋斗，鲜花与掌声在前方为你等候。

　　每个女孩在成长中的过程中，也许你只是一朵残缺的小花，也许你只是一片枯黄的叶子，也许你只是一颗遇到秋霜的青果。这些都不要紧，关键是你要坚强，你要努力，为自己鼓掌，为自己前进的道路上播洒一份阳光！

第八章

愿你遇见爱情，一路灿烂

最美的时光里你遇见了谁

无论我们是正在一如继往地过着没激情、没效率的忙碌生活，还是在享受当下的幸福生活，内心正流露出舒心的笑容，有某个瞬间，站在记忆的旅途，遥望某一段时光，不经意想起在那段最美丽的时光里，遇见了谁？

张小娴说，如果你开心和悲伤的时候，首先想到的都是同一个人，那就最完美。人的一生中，那些青春激扬的日子总是让人最难忘，哪怕是一点点自以为是的纪念，也给我们无限的温暖。

一位诗人说："一生至少该有一次，为了某个人而忘了自己。不求有结果，不求同行，不求曾经拥有，甚至不求你爱我，只求在我最美的年华里，遇见你。"爱情最美的不仅是相伴老去看细水长流，更重要的是我们在最美的年华里遇见了那个生命中重要的人。

窦漪房，从出身贫寒的赵国少女到吕雉的侍女，到代王妃，到皇后、太后，直至太皇太后，似乎世界上所有的好运气都被她撞上了，最幸运的是，她竟然得到了中国历史最不好女色的皇帝——汉文帝的爱，最终获得宫廷里最难得的爱情。

窦漪房有一个悲惨的童年。她的父亲为了逃避秦乱，隐居于观津钓鱼，却不幸坠河而死，遗下她和哥哥、弟弟三个孤儿。

汉初，朝廷到清河召募宫女，窦氏年幼应召入宫。出身贫寒的她却备受命运垂青，由民女到宫女，最后成为辅佐文、景、武三位帝王治理大汉。

当时，吕雉作为皇太后操纵国政。吕后为安抚各诸侯王，决定挑选一些宫女赏赐给诸侯王，窦氏也在选中之列。窦氏因家在清河，离赵国近，希望能到赵国去，这样可以照顾到自己的家人。

于是，窦漪房向主持派遣宫女的宦官请求，一定要把她分到赵国去。后来，这个宦官却把她的名字误放到去代国的花名册里了，她于是去了代国，虽然这不是她的心愿。代王就是后来的汉文帝刘恒。

最初的那一眼，最缠绵。

他看到的她是一个面容姣好的女子，带着如水般清澈的笑颜！她看到的他是个风华初显的男子，从他干净的瞳孔里看到笑靥如花的自己！

执手的那一刻，仿佛天地交合，仅有一句缠绵悱恻的诗在耳边翩然而至。

纵然身旁红粉万千，他的眼中却只有一人，情有独钟，难能可贵的独钟！那些女子，在他的心里荡不起一点涟漪！

她支持他的雄心霸业，尽管她的身份有难言的悲凉；他相信她，许下此生永不相间的誓言！他们携手并进，他们举案齐眉。在代国的日子是美好的，虽然她常常陷入尴尬的境地，虽然他也曾有过怀疑，只是，在那些美好的感情面前，一丝丝的疑虑只能是浮云般的掠过。

后来，他成了九五之尊，受万世景仰！山呼万岁，顷刻间的变化悉数袭来。

在刘恒成为大汉天子的时候，立窦漪房为皇后，但按照皇室的传统，皇帝都会有三宫六院、嫔妃成群，可为了窦漪房，为了心中挚爱的这个女人不成为众矢之的，为了证明自己对窦漪房的爱，他废六宫，将所有的嫔妃全部遣散出宫，只留窦漪房一人相伴一生足矣。

自古帝王多寂寞，可她却把一个帝王的心装得满满的，他们注定要携手，开创那份伟大的基业！

帝王之心是坚强的，也是脆弱的，他们还是出现了隔阂。哪怕在他们的相互伤害的那段的日子，也没有一刻停止对彼此的思念，直到心底布满厚厚的尘埃！终于，他们明白，人生苦短，原本相爱的两个人为何不怜惜时日，相守走完人生。

她看到他蹙眉，她伸出颤抖的手，轻轻地拂过他的眉。指尖轻触间的温暖，却在他心里掀起了瀚然大波，再也不迟疑，紧紧地将她拥入怀中，三年的误会全部释然。

那一刻，所有的是非，所有的纷扰荡然无存，肌肤的相触，已留下岁月的坎坷，心中的沟壑，只为这一句话、一个动作，平坦了。

渐渐地，他们已经老去了，褪尽了容颜，鬓角的白发却是记录着他们这些年的过往。她的视线渐渐模糊，他搀扶着她，就像是一对寻常人家的夫妻那般的云淡风轻。

他曾经对儿子说："朕一生有过很多女人，但此生最爱的就只有你的母亲——窦漪房。"一句曾经看似简单的承诺，刘恒却用毕生的行动履行了自己当初在代国冰室中对窦漪房许下的那句诺言。

他已到垂暮之年，得了重病，即将离世的弥留之际，忍着咳血倒地的危险也要亲自为眼睛不好、行动不便的窦漪房雕刻一根梨木的拐杖，希望她在自己走后的岁月里，能有一个可以代替他扶持窦漪房继续走下去的物件。

爱与被爱是相互的，刘恒之所以爱妻之深，也是因为窦漪房同样一生深深爱着刘恒。在他的病榻前，将脸轻轻地贴在他胸口，她说："我不会把你让给任何人，包括上天，你再陪我走一段好吗，哪怕只有一小段，我不想我偶一回身的时候，缺少了你的双手来搀扶，这么大的椒房殿，我什么都没有，我只有你。"

"好，那陛下再睡一会儿。"

他走了，离她而去了。她想等到风景都看透，她会陪着他，一起看细水长流！

窦漪房的一生都不曾为自己着想过，总是在为大汉、为刘氏的基业、为刘家的子孙们着想，当刘恒逝去，新帝刘启登基之后，刘盈曾劝说窦漪房，既然刘恒已去，那汉宫也没有什么可留恋的了，不如跟他一起去梁国，远离宫廷事务。

她告诉刘盈："虽然他不在了，但汉宫还留有他的气息，在这里我仍然能感受到他的存在，所以我不会离开……"可见她对丈夫刘恒的眷恋与思念之情。她的灵魂，早在他逝去的那一刻，追随而去了！

亦舒说，命运旅途中，每个人演出的时间是规定的，冥冥中注定，该离场的时候，多不舍得，也得离开。刘恒纵为万般不舍，却抵不过命运的安排，幸运的是他们在彼此最美好的年华遇见了对方，并且边走边爱。

生活中，女人要懂得珍惜身边那个守护自己的人，因为对方见过你最深情的面孔和最柔软的笑意，在炎凉的世态之中，他像灯火一样给予你生活的力量和方向。我们何不感谢生活，感谢命运让我们在最美的时光里遇见了彼此，从此边走边爱。

青春橄榄树上刻满的思念

生活中，女人总有太多的抱怨、太多的不平衡、太多的不满足，犹如一个被宠坏的孩子，总是向生活不断索取着。越是拥有，越是担心失去。生活中的很多东西一旦失去，便不容我们找寻。

有时幸福就像手心里的沙，握得越紧，失去得越快。有时幸福就像彼岸的花朵，隐约可见，却无法触摸。年轻的女人往往不懂如何守护爱情，即便是遇到了相爱的人，却因无知或任性错过了，因此便留下永久的遗憾，那棵青春的橄榄树上挂满了思念。

那一年，她和他都处于青涩的年华，一个是长发飘飘的17岁的女孩，一个是刚刚成年、初长胡须的18岁男孩。她是美丽恬淡又能歌会舞的云南姑娘，他是来云南亲戚家度假的北京少年。一个下午，就在小镇的某个街道上，突然相遇，彼此喜欢了。

她带他走遍小镇的每一个角落，介绍当地的风土人情；他讲述都市的繁华与绚丽，两个人心照不宣却又默然相爱。羞涩到谁都开不口说出那三个字。

他觉得那年的假期格外的短，仿佛昨天刚来，今天突然就要离开了。但他不得不离去，因为他要回北京读大学了。

临走时，她悄悄地站在送别的人群中，看他离开。他走到她身边，往她手心里塞了一纸条，然后迅速离开。

她小心翼翼地展开那张粉色纸条，上面写了一句话："我会等你，你来，是我生命的花树绽放，你不来，我的青春里满是思念。"随后，又附上他家的地址，北京某个街道某个门牌号。

她心里是一阵窃喜，更多是激动，因为这是她收到的最动听的情书。

就这样，他回北京读大学，开始了多彩的大学生活，多了一分对远方的期待，期待她的来信，期待有一天她会突然出现在这个学校里。那一年，两人鸿雁传书。

她还有一年才高考。没有多余的时间写信给他，一个个寒冷的冬夜，在别人休息之后，她点着蜡烛，借助微弱的灯光，趴在床上向他诉说自己的思念。因为有了他和他每周必到的信，那个冬天是她人生最温暖的一个季节。每日黄昏，她去学校门口等着邮递员，等着她的幸福心事。

一个少女朦胧的爱情和牵挂，全与北京的那个少年有关。那张粉色纸条，因为有了他的地址而变成珍宝，她东藏西藏，生怕弄丢。

临近高考的一天，她在紧张地学习还是照倒写信给他。有天夜里，她实在太累了，写着写着睡着了，蜡烛竟然点燃了被子，所有的书都被烧光。学校以违反规定为由，拒绝她参加高考。情绪低落的她，只好去一个偏僻山区教小学，后来遇到现在的先生，结婚生子，也与他失去了联系。

他收不到她的信，以为她在紧张地准备高考，因为他们约好了，要在一个地方上大学。又一个暑假过去了，他没有等到她的人，也没有收到她的信。他写信的地址已经以"查无此人"退回了。他想也许她不再爱他了，有了更好的生活。

4年后，他也毕业了，又恋爱了，结婚了，当然对方不是她。8年后，他在北京有自己的公司，还有可爱的孩子。

虽然时过境迁，可他留着那些旧信。甚至，他常常喝醉酒后读那些旧信，虽没有山盟海誓，可那一字字一句句全是真情啊。如果仔细看，还能看出上面的眼泪，是的，那是她当年的相思泪！

当年她忽然不再回信，也从没来北京找过他，他想，少时的初恋，只是一段过眼云烟吧。

那么漂亮的女孩，学习成绩又如此优秀，肯定考了名牌大学，身边多是优秀男人追求，她怎么还会千里迢迢来找他？

10年后，他的事业做大了。他有机会在云南设立分公司。分公司开业的那天，他想亲自去云南剪彩。坐上飞机的刹那，他想起10年前自己坐火车来云南，想起走时她站在人群中，那不舍的眼光，心里软软地疼着，惆怅不已。他想见她一面，不为别的，仅仅是想见。

终于找到了她，她也过得很好，嫁了一个中学老师。她真是老了，不如以前好看了，脸有些微黑，特别是左侧。

见面之后，两个人竟然出奇的平静。他想原来自以为的刻骨铭心，不过是心清心明。

他们一起说着孩子，说着自己过的日子。她在当地一个工厂当工人，并没有上大学。他没问原因，她也没说。临走时，他还是忍不住问："当年，我曾给过你粉色的纸条，上面有我的地址。你弄丢了是吗？"

她没有说话，慢慢地打开手包，拉开内层的拉链，拿出一个蓝色的小布袋，抽出一个折叠得整齐的纸条。他晃了一晃，他以为她早就忘记了，没想到她如此珍藏着。

"当年，为什么不来找我？"他问。

她平静地注视着他，半晌无语，不肯回答。他却执意要一个答案。

"10年了，我想知道原因！"他追问着。

"因为——爱。"她答。

是的，因为爱，她没能兑现他们的诺言，没有上大学，她不想成为他的负担，她爱他，所以希望他以他喜欢的方式生活，她独自一人默默饮着这杯机缘错失的苦酒。

"一切总会过来的，看，现在不是很好？"

回来的飞机上，他一直握着那张粉色的纸条，那是他给她最初的爱情承诺，她宁肯错过美丽的爱情，也不愿在生活中连累他，却又一直珍藏这份青春的记忆。

他把那个粉色纸条轻轻地放进了垃圾筒里，他知道她会同意自己这样做。因为他们隔着青春岁月，都将那个地址放在心里，在心里，始终有一条通向彼此的路径。只是现实中，他们再也回不去当初。不是所有的爱情都能白头偕老，不是所有的婚姻都如西瓜待熟，全是殷红蜜意。有时候我们正是因为相爱才放开对方，哪怕心中充满思念。所以，很多时候，我们对过往的思念不是某个人，而那段美好的青春时光。

幸运的是，我们身边始终会有一个人，爱我们百般纠结的灵魂，爱我们衰老了的脸上痛苦的皱纹。无论如何，我们还是要相信爱情，请相信未来，尽管我们最终没能与那个人在一起，但那段时光却给了我们别样的温暖，充实了我们的青春。

相信爱，珍惜爱

爱情是人生中永恒的主题。几乎在每一部文学艺术作品亦或是每部影视剧中，或多或少都有爱情出现。尽管爱情有时是看不见摸不到的东西，但如果生活中缺少了爱情，会让人觉得索然无味。

生活中，有的人一生享受着爱情的甜蜜，也有的人一生相守着爱情的苦恼。有人在受爱情的伤害后，而不再相信有真正的爱情存在。身为女人，爱情是几乎是生命的全部，我们要相信爱，并珍惜爱，只有这样，我们才能生活得幸福快乐。有一个智慧的父亲在给女儿"相信爱情，珍惜爱情，爱自己"的爱情警言中这样写道：

给女儿的爱情警言之一：爱上一个人，一定要珍惜。但珍惜的最好方式不是放纵，而是克制。

亲爱的女儿，不论任何时候，若你爱上一个人，哪怕是老爸最不喜欢的笨人、不自信的人、不上进的人——都还是要珍惜。爱是神秘的相遇，是不可逆的命运。

只是我的意见，爱不要放纵，要克制、修行、牺牲，才能抵达庄严的美。这话你年轻时一定不懂，可是很重要。若你懂得珍惜和克制，就能收获更多的爱。

在所有的克制里，身体尤甚。身体不是自己的，它是上天借父母之爱而赠予，永远不要轻贱它。你有多爱自己的身体，就有多爱自己。

……

给女儿的爱情警言之三：爱情绝对存在。

这道理可以用一万句话来当作证据。但是最简洁的方法是：视为公理。就像"两点之间直线最短"、"圆周为360度"一样，你必须相信一些不需要证明的公理，才能由此推导出全部的几何学。爱情绝对存在，就是这样。

亲爱的女儿，你一生都会需要爱，寻找爱，你会遭遇到许多困惑，许多挫折，但是任何时候，记住老爸的这句公理：爱情绝对存在，不需证据。

……

这个父亲以一个过来人的身份，告诉最亲爱的女儿，遇到爱情要珍惜，失去爱情依然要相信真爱的存在。尽管爱情有时是看不见摸不到的东西，但它确实存在于每一个相信爱情的人心中。只有相信爱，心中才有爱。

如果你正在享受甜蜜的爱情，就要更加珍惜你的爱情，不要让幸福与甜蜜从身边走掉。拥有爱情，把握幸福，珍惜身边的爱人，是我们每个人获得幸福所必须所做的。

如果爱，就深爱。让我们共同珍惜爱，拥有爱，让我们为爱而飞翔。也许有些回忆，我们无法忘记，可是我们要懂得如何释放自己的情感。该珍惜的就要珍惜，该忘记的就要忘记。

或许你以前受过伤害，所以不相信爱情也未必是你的错。但是，记住不要拿别人的错误来惩罚自己。也许人生正因为有了遗憾，我们的人生才会更加的美丽。让我们从现在开始，做个幸福快乐的自己。

聪聪今年33岁了，5年前结束了自己的婚姻。容貌和身体依旧姣好的聪聪一直单身。虽然也被父母催促开始新的生活，但聪聪依旧没有信心重新开始新的婚姻。

后来，一位闺蜜强行拉她去见了一个各方面条件都不错的男人。人品好，家底也殷实，有自己的事业。

男人很满意聪聪，特别欣赏她的优雅、知性的气质，认定聪聪就是陪伴自己一生的那个女人。在这个男人的主动追求下，聪聪开始与他交往。

交往过程还算顺利，几个月后，两人谈到了婚姻。

一天，男人说希望结婚后聪聪能和自己一起打理自己的事业，做家务就请个保姆处理。于是，两个人一起去保姆公司找人。

为了能找到一个能干而素质较高的保姆，方便两人能专心打拼生意，男人开出招聘保姆的优厚条件："月薪千元，单独一间房给保姆住，有双休日、年假、报销探亲车费和小病医疗费。"

尽管如此优厚的条件，可是依然没有找到合适的人选。与男人返回的路上，聪聪忽然对男人说："要不，咱俩别结婚了，我去你们家当保姆吧？"

男人大吃一惊，然后说："放着女主人不做，做保姆，你脑子有病啊？"

聪聪半开玩笑半认真说："找个好人家做保姆，工资有保证；吃住有保证，况且你又给出如此优厚的条件。你这个男主人又是单身，心情好的时候可以与你调调情，不顺眼的时候，你也不敢强迫我。因为没有义务，感觉好就继续留下，感觉不好就拔脚走人，没有牵绊，没有伤害，多好！我对一个丈夫的要求基本就是这样了。"

男人注视聪聪良久，然后说："我不知你从过去的爱情婚姻受到了什么伤害，以至于你现在不再相信爱情。但是，我想娶的是一个能爱的女人。你还会爱吗？"

聪聪听了，没有说出话。是呀，她还会爱吗？这些年，她好像对爱情彻底死了心。

男人走了，聪聪依然独身。

女人一生中最大的不幸不是失恋，不是离婚，而是失恋和离婚后不再相信爱情，失去了爱与被爱的勇气和能力！如果你曾经受过爱情的伤害，那么最好的方法就是尽快遗忘的过去的失败和心痛，否则你将永远无法生活得很好。

虽然我们有时候会和我们爱的人争吵，争吵只是证明彼此都很重视，彼此都很相爱，珍惜爱，在爱的每个季节里，默默走过每个春夏秋冬。相信爱会让人变得温暖，变得幸福。既然有缘分在一起，就要好好珍惜上天赐给的机缘，不管发生什么困难，两个人都要彼此牵手共同走下去，这才是相濡以沫。

因此，当爱情光顾我们时，请不要犹豫，珍惜曾经和已有的爱情，守护好我们的爱情。用心浇灌爱情的园地，让它开花结果。真正的爱有时候充满了挫折和坎坷，有时候也会有困惑和磨难，只要是真正的爱，我们就要珍惜，要呵护，要坚强地守候和耐心地等待。

相信爱情，相信世间每个人都可以拥有属于自己的一段真爱，和那个我们执子之手、与子偕老的人共同演绎爱的浪漫之旅，希望那些相爱的人永远可以将爱情进行到底。

别因爱弄丢了自己

日常生活中，我们会常常听恋爱中的女孩抱怨："我爱他爱得已经不能自已了，为何他始终像一块焐不热的石头，无动于衷呢？"的确，爱情本身没有错，可如果爱一个爱得丢了自我，那就可悲了。

身为女人，我们不要因为恋爱和婚姻而迷失自己。如果我们失去了当初的自信、乐观、积极的个性，对方当初正是被我们身上的这些优点所吸引，现在的你还有什么值得对方欣赏的优点呢？

在婚姻或恋爱中，我们可以深爱，努力爱，却不要迷失了自己。无论你有多爱他，都要记住：在得到爱的时候，不要丢了自己；在失去爱的时候，才不会失去自己的生活。永远不要对爱情付出十分的精力，留给自己的那三分爱情以外的空间，有时候会比爱情更多彩。

爱情是爱和爱的表达，别总想着"他怎么样说、他怎么想"。真正的爱情不是建立在讨好的基础上，而是发自内心的喜欢，建立在彼此尊重、彼此平等的基础之上，而不是一味地去迎合对方，将自己的生活弄得"黑白颠倒"。

热恋中的女人常常有一种盲目的献身精神，在自己的幻觉中，心甘情愿地为男友做任何事，认为为所爱的人付出一切是理所当然的。对于自己的行为，即使明知是不理智的，也总是要找出各种理由来进行辩解。最终，在热恋中昏了头，干了荒唐事，还以为是为了爱情，真是可悲。

李玲在刚刚20岁的时候，认识了吴双，两人很快就陷入热恋。在李玲眼里，吴双英俊潇洒，温柔、体贴，吴双的出现给李玲的生活带来了喜悦。

但这个吴双是当地出了名的"恶棍"，曾因为打架滋事，多次被公安机关处理。后来，吴双动起了抢劫的罪恶念头，并且多次得手，然后用抢劫来的钱挥霍。一次，在抢劫一位老人时，由于老人拼命抵抗，吴双竟然用铁棍狠狠地击打老人头部，老人当场死亡。

李玲在知道这些事后，竟然表示要对爱情忠贞不渝，发誓不离开吴双，还帮助吴双东逃西躲。当吴双的父亲知情后，要儿子去自首，李玲甚至还跪在未来的公公面前，求他别这么做……

最后，吴双落网，被判处死刑。李玲也因为包庇罪，判了3年有期徒刑。

事后，李玲追悔莫及。

当女人陷入恋爱的旋涡中，很容易失去理智，对人、物的判断以主观好恶为标准，常常不由自主地将对方过于理想化，再也听不进任何忠告、劝阻了。俗话说"情人眼里出西施"，对热恋中的对象，女人们往往爱得盲目，只看到优点、长处。即使恋人有些什么缺点，在她的眼里，都成了优点。

希腊有一句名言说："感情必须温暖理智，但理智必须诱导感情。"也就是说：当你在爱上一个人时，在感情上会有一股冲动，但是你必须要理智地处理自己的恋爱。

心理学家发现，在夫妻关系中保持自我是幸福婚姻的秘诀之一。许多人结婚后不仅放弃了自我，也要求对方放弃自我，要求两个人融入一个为婚姻而建立的"第三体"中。就好像有的女人每次买衣服，首先考虑的是丈夫会不会喜欢；更有甚者，有些妻子开口闭口都是"我丈夫说的",凡事都拿不了主意。

心理学家认为,这种为了爱而牺牲自我的做法是不可取的。它不仅违背了双方因"个性"所吸引爱情的初衷,而且失去自我会让个性感到压抑和束缚,而真正的爱是一种包容,应该给彼此自由。最后,始终沉迷于爱河、眼中只有你和我,这种感情也是脆弱的,不能经历风雨。

相爱是应该互相迁就、互相体谅,但绝不是无条件的顺从。女人不要在爱情中迷失自己,别因爱丧失了自我,要爱得独立,爱得自尊。

给爱情一颗淡定的心

现代人的爱情已经充满了浮躁和刻意,很多人看重的是物质基础是否足够丰厚。正如有人"宁愿坐在宝马车中哭也不愿坐在自行车后面笑",他们在乎的是除了情感之外的一切有形的利益。

爱情在这个时代似乎成了一种奢侈品,令我们可望而不可及。事实上,我们却忽视了一个简单的道理:最经典、最浪漫、最深情不渝的爱情永远来自平淡的生活、淡定的心态。我们也许会羡慕别人华丽的爱情,但过于绚丽的爱情往往只是昙花一现,不能长久。爱的最高境界是要经得起平淡的流年。

　　方鹏和赵倩是大学同学，但他比妻子大两届。毕业后，他进入了一个保险公司，妻子却顺利进了一个学校做教师。他们原本是一对甜蜜的小夫妻，共同负担一套小户型的房子。每天上班下班，日子倒也过得温馨。这种平淡的生活却因为妻子赵倩参加了一次同学聚会而打破了。

　　一个周末，赵倩高高兴兴去赴大学同学会，出门前还给老公吻别，并因聚会没能陪老公过周末道歉。可晚上回来，老公发现妻子赵倩像变了个人。没有像平常兴奋地给老公讲聚会上发生的趣事，却什么也没说，一脸的心事，直接洗洗就睡了。

　　当时，老公以为妻子太累了，并没有在意她的情绪发生了变化。直到第二天早上，方鹏做好饭叫赵倩吃饭，才发现妻子两眼红红的，看来是哭过了。无论方鹏怎么哄怎么问，妻子就是不说话。

　　更让方鹏意想不到的是，第二天早上准备出门上班时，赵倩竟拿出一份离婚协议书，要他签字离婚。"为什么要离？赵倩，你从同学会回来就不对头，是不是和哪位男同学好上了。"赵鹏冲动得口无遮拦。见丈夫这样质问自己，赵倩情绪十分激动，甩门进卧室，翻出行李箱收拾衣服，打算离家。弄得他只有丢下句"你别走，我走还不成吗"，离开家。

　　冷战了几天，方鹏总住单位也不是回事。他想回家看看妻子的态度好些没，没想到一进家门，妻子又重提离婚的事。方鹏实在弄不懂了，这日子过得好好的，自己也没有做错什么，妻子为什么要离婚？

可赵倩就是不说，方鹏只得求助于妻子最好的朋友木子。木子见到方鹏就明白了来意。她对方鹏说："其实这件事你们俩没错，错就错在她的那些同学混得都太好了。"方鹏还是不明白，示意木子进一步解释。事情原来是这样的。

在同学会上，赵倩看到那些在学校专业知识不如自己的同学个个都比她强。别人都是开名车、穿名牌。尤其是她那几个室友，个个都因嫁得好而过上奢华的生活，包包是LV、香奈儿，衣服是bcbg、范思哲，连手机都用苹果牌。甚至有个同学结了婚又离了再找，现在开着奔驰来同学会。

可一想到自己，和老公每个月只有6000多元的工资，除去房贷、日常开销，所剩无几。自从结婚，她甚至都没有买过一件像样的衣服。于是，她越想越觉得自己悲哀，活得窝囊。

聚会结束时，那个开着宝马的室友要送赵倩回家，赵倩拒绝了。她站在拥挤的公交车上，望着夜幕下的这个城市，她觉得自己真是委屈。想当初她们这些人都不如她，她在班上算得上数一数二的美女，成绩又好，怎么也不比人差，可4年过去，不如自己的同学，找到有钱老公，比自己过得滋润得多。

到了家门口，赵倩打定了主意，别人可以离了婚再找，自己为何不趁年轻还有机会，离了婚再找，人生将会是另外的模样。但一想到，老公虽然挣钱不多，对自己可真是体贴有加，况且他又没做什么对不起自己的事情，所以，她决定什么也不说，只提出离婚。

方鹏听完妻子离婚的原因更加无措了，他确实不能给她奢华的物质生活，但他是真的爱她，况且还有可爱的儿子。

赵倩之所以想要离婚，主要是看到了别人的生活，禁不住物质方面的诱惑，于是，她的心开始焦躁不安了，以前的平淡日子再也感觉不到温馨了，心也不再淡定了。事实上看到同学比自己过得好就想要离婚，她对婚姻的态度就不够严谨。

婚姻不是我们炫耀的资本，爱情也不是用物质的多少可以衡量的。在生活中可能还会遇到其他各种各样的诱惑，总不能因为靠一次次的离婚来换内心的虚荣吧。也许我们的爱情虽然算不上绚烂，可是平淡中不免感动！请给爱情一颗淡定的心。

人生是一个漫长的过程，我们应心态平和地看待婚姻和爱情，要用平常心看待别人的奢华，珍惜自己的生活，才不至于"人比人气死人"，因为光鲜的生活也有烦恼，也有压力，自己生活中的快乐也许是别人没有甚至渴望的。

因此，我们要细细去体会婚姻和爱情，只需淡淡地面对，静静地渗入彼此的生命，那份温暖淡定的爱将会永恒。如果女人想收获幸福，你的心灵就必须拥有一份淡定，唯有淡定，才能让你的内心安静下来，才能明白其实这也是生活万千滋味中的一种。

有些爱情就是用来收藏的

　　爱情到底有多少种可能，电影版《将爱情进行到底》对曾经的一对恋人展现了三种不同的场景。但无论哪一种可能，都表明两个人不可能重新走到一起了。因为有些过往留存在记忆里就好，不必非有一个结果。

　　也许多年前，两人曾相爱过，对彼此付出真心，也愿意为这段感情赴汤蹈火。后来不知什么原因，劳燕分飞，天各一方。偶尔阳光明媚的午后，回忆起彼此，却发现这段感情留下的只剩甜蜜，原本经历过的磕磕绊绊再也想不起来。但如果真的重新生活在一起，才发现大家都发生了变化，甚至变成了对方所无法接受的另一面。

　　电影《非诚勿扰2》中，秦奋向梁笑笑求婚时说："一辈子很短，我愿意和你将错就错。"这句话看似很矫情，其实如果明知道是一个错误，为何不及时抽身，非要让自己陷入感情的沼泽中无法自拔呢？

　　杨丽跟丈夫结婚3年了。结婚前，他们对彼此的了解都不多。两人认识的时候，杨丽已经30岁了，她老公35岁了，彼此都对婚姻有很急切的愿望，所以他们很快就结婚了。

在结婚以前，杨丽听别人说她老公很孝顺，没什么脾气，很知道心疼人，而且工作稳定。她觉得有这些就已经够了，自己在婚姻里应该不会太委屈。可是，结婚以后两个人在一起过日子，才发现事情并没有想象中那么简单。她老公是一个很多情的人，对他过去交往过的女朋友也很关心。

在与杨丽结婚前，老公曾经交往过3个女朋友。尽管后来都分手了，他和她们之间还是保持着密切的联系。工作之余经常一起吃饭聊天，有时候还把她们带到家里，杨丽心里颇为不悦。

但老公似乎并不在意这些，说他们之间虽然没有爱情了，但感情还在。让杨丽不要太敏感，小题大做。而老公的这些前女友，更不在乎杨丽的感受，当着杨丽的面说些暧昧的话。每个周末，老公都会与他的某个前女友见个面、吃个饭什么的。

杨丽实在无法忍受，多次向老公提出抗议无效后，只好离家出走。老公这才意识到问题的严重性，找回杨丽并真诚地向她道了歉，并保证以后不再与那些人联系。杨丽也表达了自己的态度，说："如果你还珍惜我们的爱情，就要双方用心去呵护，而不是我一个人竭力维护。你那些过往的爱情，既然没能走到一起，那就说明只能放在心底，当作一段美好的记忆来收藏。"

杨丽的话点醒了老公，的确，有些爱情只能用来收藏的，不能重新来过。从此，两个人努力经营着自己的婚姻。

爱情便是这样，隔着多年的时光回望，要么多是美好，要么全是怨恨，而那些对立的情绪在不知不觉间已经被记忆筛选殆尽。如果两人曾经相爱，却最终决定分手，说明彼此间肯定存在着无法逾越的鸿沟。这道鸿沟可以被时光遗忘，却不会轻易改变，一旦重新在一起，便又成为爱情的杀手。

如果因为一通电话或某次偶遇，萌生了对往昔恋情的怀念，也许两人便旧情复燃。可重新在一起后，记忆中的美好却未曾出现，那些曾导致两人分手的问题将会再次重现。如果两人再次分手，连最后一丝的怀念也烟消云散。倒不如把那些过往的片段收藏到记忆深处。

她那年刚刚20岁，花一般的年龄，不羁的青春之下有一颗单纯痴情的心。她爱上了他，那是一个眉宇间充满阳刚之气的男人。她贪恋他自信的笑容、儒雅的气质，甚至是嘴角微翘的小动作。

为了他，她有始以来第一次失眠，只为白天他帮她纠错时一个爱怜的眼神，或者接过她手中咖啡，从指尖传递的温暖。

他有一个温暖的家，有爱他的妻儿，她也是知道的。有一次，在街上偶遇，他一手牵着妻子，一手抱着儿子，满脸幸福。他坦然介绍：爱人，幼儿。他的妻温柔如水，幸福恬静；儿子活泼可爱，用稚嫩地声音喊着阿姨。她惶恐不安，借机躲开，只恐内心隐情被人识破。

随后，他被公司外派出国考察，不到一个月的时间，她却度日如年，每天都在煎熬中盼他归来。只几天的时间，人已经憔悴得不像样子。同事关心地问是不是遇到麻烦事了。

她多想打个电话听听他的声音，但好像又没有什么理由。对了，就汇报公司的情况，电话接通了，只听见他在那端"喂"了一声，她的心似乎要跳出来。手握着话筒，喉头哽咽，万语千言，不知从何说起。唯恐他猜出自己的心思，丢开话筒，落荒而逃。

公司周年庆典，他携了妻子一起出席。看他优雅地牵过她的手滑进舞池，看他体贴地为她拨开面颊的发丝，看他呵护地牵着她的手路过身旁。她的心一阵疼痛，分分秒秒都是煎熬。晚会没有结束，她就借故离开了。离开的路上，泪水也洒了一路。

醒来已经第二天清晨，睁开眼看到他正坐在床前微笑着看她。她一时恍惚，做梦了吗？怎么可能是他？这时，他抚摸着她的头发说，你这丫头，好好的一个聚会，怎么把自己喝醉了，亏得我们看到你醉倒在地上，要不然还不知道你会不会被哪个坏人带走呢？

他的妻子正好走过来，把一杯热茶放在她的掌心。他借故走开。

她正想如何面对身边的这个女子，但对方好像能读懂她的心，微笑着说："感谢你也爱他。"看着她困惑的眼神，他的妻这才道出原委。她昨夜因为喝了太多酒，离开时倒在门口。正好被担心儿子提前离场的他们看到，于是，他们把她带到了自己的家。昨夜梦中不停地呼喊他的名字，她自己出卖了自己。

女人接着说："我理解你的感受，因为我也有过你那样的年龄，这种痴迷和爱恋，我也曾有过。爱无错，只是当你遇到的人不能给你归宿时，请把这种爱恋收藏起来。直到遇到那个对的人。你还年轻，会找到真正属于自己的那个人。"

她闭着眼睛，任泪水恣意横流，不发一言。

不久，她离开了公司，离开了他，离开了这个城市。回到家乡那个安稳舒适的小城。两年后，她找到了生命中的那个人，彼此相爱，幸福美满。

她终于找到了属于自己的瓶，只有在自己的瓶里，才能开得恣意芬芳，娇艳醇香。

爱情是世界上最美好的情感，爱本身并没什么不对，我们都有爱人的权利。但前提是在对的时间遇到一个对的人。只有属于自己的、适合自己的爱情，才会真正酝酿出最怡人的香醇的爱的佳酿。

女人总是走不出自己设置的感情陷阱，念念不忘地奔赴旧情，甚至期待破镜重圆。其实，对于曾经尽管相爱最终毅然分手的旧情人们，最好的办法就是不见；对于曾经暗恋的人，也让对方静静地留在自己的记忆里。唯有这样，我们才能保留爱情曾经的美好，不至于因为时光而变了味道。

女人，请记住：有些爱情，就是用来收藏的。有些情人，只适合用来怀念。

我如果爱你——绝不像攀援的凌霄花，借你的高枝炫耀自己。

———舒婷